中国纺织类非物质文化遗产传承人口述史系列丛书

传统棉纺织技艺
威县土布纺织技艺

马 涛 尹艳冰 主 编

中国纺织出版社有限公司

内 容 提 要

本书采用口述史学方法，对传统棉纺织技艺传承人进行采访，通过录音、录像等形式对传统棉纺织技艺的传承过程进行全方位的寻绎，记录、保存传承人关于传统技艺的生动论述，探究传统棉纺织技艺传承区域、历史渊源、工艺流程、技艺特点、表现形式、创新与衍生发展、文化价值等内容。

本书适合于纺织类非遗研究人员及业余爱好者参考阅读，以促进读者树立正确的非遗观，深入理解文化遗产的深厚内涵，增强民族认同感，提升文化自信。对弘扬传统文化、推动纺织非遗保护工作具有十分积极的作用。

图书在版编目（CIP）数据

传统棉纺织技艺. 威县土布纺织技艺 / 马涛，尹艳冰主编 . –– 北京：中国纺织出版社有限公司，2022.5

（中国纺织类非物质文化遗产传承人口述史系列丛书）

ISBN 978-7-5180-9444-8

Ⅰ. ①传… Ⅱ. ①马… ②尹… Ⅲ. ①棉纺织—纺织工艺 ②布料—民间工艺—介绍—威县 Ⅳ. ① TS115 ② J529

中国版本图书馆 CIP 数据核字（2022）第 050764 号

责任编辑：朱利锋　　责任校对：王花妮　　责任印制：何 建

中国纺织出版社有限公司出版发行
地址：北京市朝阳区百子湾东里 A407 号楼　　邮政编码：100124
销售电话：010—67004422　传真：010—87155801
http://www.c-textilep.com
中国纺织出版社天猫旗舰店
官方微博 http://weibo.com/2119887771
北京华联印刷有限公司印刷　各地新华书店经销
2022 年 5 月第 1 版第 1 次印刷
开本：710×1000　1/16　印张：8.75
字数：115 千字　定价：98.00 元

习近平总书记在党的十九大报告中指出，要深入挖掘中华优秀传统文化蕴含的思想观念、人文精神、道德规范，结合时代要求继承创新。纺织非遗的传承发展对于深入挖掘中华优秀传统文化，培养民族自信，提升纺织产业历史、文化、社会、经济等价值，建设纺织强国具有重要意义。

纺织非遗，智慧与勤劳交汇成经纬；中国之美，桑麻与绫罗堆叠成云霭。在织机呕哑中，纺、染、织、绣、印，无一不是优秀人类文化的载体和呈现。这些绚丽多彩的民族文化和精湛绝伦的传统技艺织就出我国流传千年的纺织非物质文明，展现着中国传统纺织非遗的文化之魂、意境之美、技艺之精。

代表性传承人在非物质文化遗产传承中的核心作用具有不可替代性。全面、真实地记录纺织非遗代表性传承人掌握的知识和技艺，不仅可以保留中华优秀传统文化"基因"，也可以为研究、宣传、利用非物质文化遗产留下宝贵的资料。

天津工业大学现代纺织产业创新研究中心以纺织非遗的研究以及知识普及为使命。此次邀请部分纺织非遗项目代表性传承人共同完成口述记录工作，对纺织非遗传承、保护与创新具有重要意义。

本书由天津工业大学现代纺织产业创新研究中心马涛、

尹艳冰主编，以传统棉纺织技艺（威县土布纺织技艺）传承人陈爱国、高庆海夫妇为主线，通过采访者文字笔录、受访者口述的方式，展示了传统棉纺织技艺的特点，讲述了代表性传承人传承实践的丰富历程。本书编写过程中，夏岳普、白峰、杜君潮等同志也给予了大力支持。口述者口述过程中参考了部分专家学者的观点，在此一并表示感谢。本书也是天津市哲学社会科学规划项目"纺织类非物质文化遗产集聚与产业化研究"（Tjyj20-008）阶段性成果。

　　本书内容丰富，图文并茂，为读者了解传统棉纺织技艺的"前世今生"、开展传统棉纺织技艺的传承创新提供了丰富、翔实、鲜活的第一手资料。

编者

2022年1月

第六章

再造辉煌的土布艺术创新
089

2012年11月，首届中国非遗传统记忆大展中原国家非遗司副司长马盛德（左）与陈爱国（右）交谈

2019年5月，在第十三届河北省民俗文化节上时任国家文化和旅游部非遗司副司长张玉红（右）和河北省文旅厅厅长张妹芝（左）与陈爱国（中）合影

2016年5月，时任天津工业大学副校长赵宏（左1）接受高庆海（右1）、陈爱国（右2）夫妇馈赠的别花作品

2011年7月，在北戴河之夏·河北文化精品展会上，时任河北省宣传部部长聂辰席（中）与陈爱国（右）合影

| 2011年5月，在第三届中国成都国际非遗节上，非遗专家刘魁立（右）与高庆海（左）合影

| 2014年6月，在第七届河北省民俗文化节上，时任河北省文化厅党组书记王离湘（中）与高庆海（右）、陈爱国（左）夫妇合影

2019年8月，在河北省政府新闻办公室举行的"新时代、新作为，砥砺奋进的邢台再出发"新闻发布会上，时任邢台市委书记朱正学（右2）与高庆海（左1）、陈爱国（左2）夫妇交谈

2019年6月，在京津冀非遗联委会上，时任河北省文旅厅副厅长赵学峰（左2）、河北省非遗处处长张雪芳（右1）与高庆海（左1）、陈爱国（右2）夫妇合影

2013年12月，国家非遗专家魏力群（中）与高庆海（右）、陈爱国（左）夫妇合影

2015年5月，在清华大学非遗传人研培班上，清华大学教授陈岸英用高庆海带去的纺车体验纺棉花

2020年9月，清华大学杨阳（左2）和河北科技大学王岚（右2）、张红（左1）、吴玉良（右1）等教授指导公司创新工作

2020年9月，天津工业大学白路教授（右）在传习所体验搓布绩

2020年9月，威县县委书记商黎英（左2）指导公司文创产品工作

2020年10月，威县县长崔耀鹏（左）指导王母村土布纺织技艺传习所工作

2021年3月，威县宣传部部长夏岳普（左2）与陈爱国（左1）交谈

2020年6月，威县文旅局局长杜君潮（右）指导公司工作

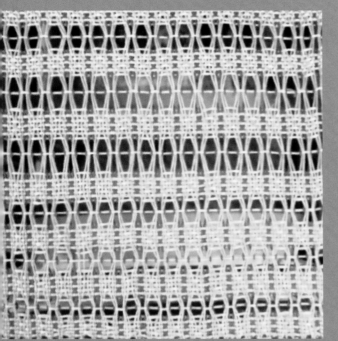

第一章

概述 | 威县土布技艺

威县土布纺织技艺2014年被列入第三批国家级非物文化遗产代表性项目名录（图1-1），2018年被列入第一批国家传统工艺振兴目录。

图1-1　威县土布纺织技艺被列入国家级非物质文化遗产代表性项目名录

威县土布纺织技艺自元末明初传入威州（今河北威县），距今已有700多年的历史。技艺手法主要是世代相传，其传承方式为口传心授，通过家传，相互帮助借鉴，没有确切文字记录。由于土布纺织与农民生活息息相关，同时受自给自足观念的影响，其技术广为普及。威县土布纺织工艺复杂，工序繁多，主要有轧、弹、搓、纺、染、浆、经、刷、织9大工序。大工序中又包含小工序，从棉花变成布要经过大大小小70多道工序。

织出的布按经线分布层次可分为两页综、三页综、四页综等。两页综是把经线分成两部分，用一把梭或多把梭织成条形或方形花纹；也可通过抽头改变花纹形式，比如席花。两页综一般织平布。三页综或四页综是把经线分成三部分或四部分，也可以把经线分成更多部分，叫多页综。用一把梭或多把梭织出不同的几何图形，用不同的掏综方法和不同的蹬法，织出不同的花型。

织出的布按纹理可分平纹布和斜纹布，按掏综和蹬法的不同，可分为竹节、水、斗（也有叫蝴蝶眼）等织造方法，织出图案如方桌面、梅花、灯笼、席花等花样。有句民间谚语"铺席盖斗，越过越有"，当中的"席"和"斗"说的就是这其中的花型和织法。

别花是土布织造中较为复杂也是具有特色的织法，是把经线分成三部分或四部分也就是使用三页综或四页综，或再添加其他辅助工具，用一把梭或多把梭在提起的经线中利用通经通纬或通经断纬别织的手法。从颜色搭配上也很有特点。颜色有少有多，少的也就一两种、两三种，以顺色为主，黑白蓝见长，大俗大雅，给人一种宁静感。多的要几种、十几种颜色，色差较大，以不同的掏综方法、不同的蹬法、不同的纬线、不同的梭子数量，形成不同的纹样。

别花有时用经提花，有时用纬提花。别花布不仅可以织成一面图案、一面纯色，还可以织成两面不同图案。工匠们常把代表吉祥、喜庆、丰收、富贵、书法字体及有教育意义的传统故事等织成图案，用这些带图案的布做成服装、鞋帽、被褥、门帘、炕围子、包袱带等无处不在的生活实用品，使子孙在日常生活中耳濡目染受到启发教育。其中蕴涵了当地的美丽传说和农耕文化，蕴含着深厚的民俗文化，体现了当地劳动人民对美好生活的渴望。

土布在中国延续了几千年的自给自足的自然经济中起到至关重要的作用，土布文化凝结了劳动人民的聪明和智慧。威县土布纺织技艺历史悠久，承载了各个历史时期的艺术、民俗、信仰等文化信息，具有较高的历史、文化价值。

为了更好地传承土布纺织技艺，弘扬土布文化，威县王母村高庆海、陈爱国夫妇长期从事土布纺织技艺的传承和保护，在民间收集到大量与传统纺织相关的器具、不同历史时期的土布以及民间谚语等土布相关资料，建成了土布博物馆。他们还成立了威县老纺车粗布制品有限公司，公司注册"王母村"商标，从事土布的研发、生产和销售，采用"公司＋农户"的模式让农民农忙从农，农闲从织，共同富裕。为人们更好地了解土布文化，为土布工艺的挖掘、保护、传承、发扬做出了贡献。

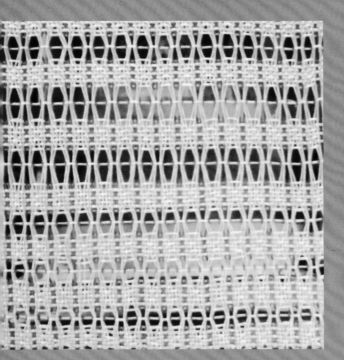

第二章

经纬织就的

土布历史源流

说到威县土布纺织技艺，就要从土布纺织技艺的历史渊源说起。

一、纺织起源和纺轮的出现

大家一般将人类学会搓绳子作为纺纱开始的前奏。在山西大同许家窑文化遗址曾经出土了1000多个石球。这些制造于10万年前的石球被文物专家称作"投石索"。那时的人们用绳索做成网兜，在狩猎时通过投掷石球打击捕获野兽。大约公元前4900年的浙江河姆渡遗址出土了两股合成的绳子。这些绳子的直径达1厘米，而且纤维束经过了分劈，在单股加有S向捻回，而在合股则加有Z向捻回。

随着社会的发展，人类在御寒的过程中，从最初直接利用草叶和兽皮蔽体逐步发展了编结、裁切、缝缀的技术。连缀草叶过程中要用绳子；使用兽皮时最初是用细绳穿入锥子钻好的孔，这也是针线缝合技术的雏形。考古学家们在北京周口店旧石器时代遗物中发现了石锥，在山顶洞人遗物中发现了骨针。随着骨针这种最原始的织具的使用，古代人们开始制作缝纫线，人们根据搓绳的经验将植物茎皮劈成极细长缕，然后逐根捻接。对于具有细长纤维的动物毛羽和丝类材料，不用劈细，人们利用弓弦振荡使羽毛各根分散松解，用热水浸泡从茧中抽出丝纤维。在河姆渡时期古人已经可以做到抽取野蚕丝了。将多根细长的纤维捻合成纱称为纺。最初纺的过程中人们直接利用双手搓合，后来发现利用回转体的惯性来给抽取出的纤维进行捻回速度又快又均匀。这种回转体一般是由石片或陶片做成扁圆形，称为纺轮，在纺轮中间插一短杆，用以卷绕捻制纱线，这个短杆称为锭杆或专杆。纺轮和专杆合起来称为纺

图2-1 河姆渡文化遗址中发现的陶制纺轮

专。旧石器时代晚期出土的文物中已出现纺轮，在新石器时代遗址中有大量的纺轮出土，证明那时用纺专纺纱已经很普及了。出土的早期纺轮形状不一，多呈鼓形、圆形、扁圆形、四边形等，由石片或陶片经简单打磨而成。纺轮的出现给早期人类的生产生活带来了巨大的变革，也大大促进了我国纺纱技术的进步。纺轮作为一种简便的纺纱工具，直到现在一些地方还在使用。图2-1为河姆渡文化遗址中发现的陶制纺轮。

二、纺车和织机的诞生

纺车是采用纤维材料如毛、棉、麻、丝等生产线或纱的设备。用纺轮纺纱时人手每次搓捻力度不均匀，而且每用手搓动锤杆一次只能运转很短的一段时间，因此随着织造工序对纱线需求的增加，纺车应运而生，解决了纱线不均匀和生产效率低的问题。

关于纺车的文献记载最早见于西汉扬雄（公元前53年—公元后18年）的《方言》。在《方言》中叫作"繀〔sui岁〕车"和"道轨"。古时纺车也称軖车、纬车或繀车。这些纺车有的用于并捻合线，有的用于络纬，也有的用来加捻牵伸。

纺车最早出现的时间目前无法确定。但是在对长沙曾出土过的一块战国时代的麻布进行分析时，发现其经线密度接近现代的细棉布。这种工艺只有在纺车出现之后才有可能。由此可见，纺车至少在战国时期就已出现。

研究还发现，单锭纺车早在汉代便已成为民间普遍应用的纺纱工具了。许多汉画像石上刻有纺车形制图像（图2-2）。1952年山东滕县（现滕州市）龙阳店出土的一块汉画像石生动表现了人们在纺车、织机和络车旁操作的场景。当时的纺车结构很简单，纺车上使用绳轮传动。这种纺车可以加捻，也可以合并粗细不同的丝或线。但与早期的纺专相比，生产效率提高了20倍左右。

织机一般是用来将丝、麻、棉纱、毛线等编成布的工具。织造技术最早来源于古代制作渔猎用的渔网。传说伏羲氏"作结绳而为网罟，以佃以渔"。陕西半坡村公元前4000多年的遗址出土的陶器底部已有编织物的印痕。刘熙所著的《释名》写到："布列众缕为经，以纬横成之也。"

原始的织布方法就是"手经指挂"，许多纵向的经线和横向的纬线相互交织而成布。具体作法是把一根根纱线的一端依次接在同一根木棍上，另一端也依次接在另一根木棍上，两根木棍绷紧。绷紧的纱线成了经线，然后一根隔一根挑起经纱穿入横线成了纬线。随着技术的发展，后来人们在单数和双数经纱之间插入一根木棍，这根木棍被称为分绞棒，在分绞棒上下两层经纱之间形成一个"织口"，可以将纬纱穿入。再利用一根称为综杆（木制）或综竿

图2-2　古代纺车图

（竹制）的木棒把线垂直穿过上层经纱而把下层经纱一根根牵吊起来。这样，把棒向上一提便可把下层经纱一起吊到上层经纱的上面，从而形成一个新的"织口"，这样就可以免去逐根挑起经纱的麻烦。当纬纱穿入"织口"后，再用木刀打紧定位。使用过程中经纱的一端绑在树上或柱子上，也有的绕在木板上，用双脚顶住，另一端连接织好的织物，织物卷在一根木棍上，这根木棍叫卷布棍，卷布棍两端绑在人的腰间，这就是腰机的雏形。这种织机的操作者需要坐在地上进行织造，因此也被人们称为"踞织机"。距今约7000年河姆渡遗址出土的木刀、分绞棒、卷布棍等原始腰机零件和现在保存在少数民族中的古法织机零件已经十分相似。图2-3为云南晋宁石寨山出土的铜铸盛贝器上的织妇示意图。

春秋战国时期的织机有了较大改进和发展，出现了斜织机。相关资料显示，这种斜织机有机架、综框、辘轳和踏板，经面和水平的机座成五六十度的倾角。应用杠杆原理，用两块踏脚板分别带动两片绳索，织工们用脚踏一长一短的两块踏板（杆），分别带动综线。当脚踏动提综踏板

图2-3　云南晋宁石寨山出土铜铸盛贝器上的
织妇示意图

时，被踏板牵动的绳索牵拉"马头"（提综摆杆，前大后小，形似马头），前俯后仰，使综线上下交替，把经纱分成上下两层，形成一个三角形的织口。手脚并用，用双脚代替手提综的繁重动作，这样就能使左右手更迅速有效地用在引纬和打纬的工作上，从而提高织布的速度。这样改进以后，织工坐在织机上既可以坐着织造，又可以一目了然地看到开口后经面上的经线张力是否均匀，经线有无断头。更重要的是，斜织机已经采用脚踏提综的开口装置。卷布导轴可以绷紧经纱，使经纱张力较为均匀，有利于得到平整丰满的布面，织工无需用双脚抵住轴辊，既减轻了劳动强度，又提高了斜织机的生产效率，其生产效率比原织机提高十倍以上❶。

在斜织机的基础上织机形态不断改进。宋末元初薛景石在《梓人遗制》一书中描述了立机子、华机子、罗机子和布卧机子等织机的机型，并且写明了具体的装配尺寸。

斜织机使织工的双手被解脱出来，用于引纬和打纬，从而促进了引纬和打纬工具的革新。最初，人们把纬纱绕在两端有凹口的木板上，这便是纡子的雏形。后来索性把纡子装在打纬木刀上，构成一体的"刀杼"。这样，打纬时已自然地将纬纱送过了半个织口，大大提高了引纬的速度。再后来，人们发现将刀杼抛掷穿过织口比递送过织口快得多，遂逐渐发明出纡子外套两头尖的木壳的梭子。这个过程发生在公元前1~2世纪。原来刀杼是兼负引纬和打纬双重任务的，改为梭子以后不能再兼打纬了，后来定幅筘便演变成打纬筘。定幅筘是在木框中密排梳齿，让经纱一根根在齿间穿过，以达到经纱在幅宽方向的定位，保证织物

---

❶ 薛明扬. 中国传统文化概论[M]. 复旦大学出版社，2003.

一定的幅宽。

为了织出花纹，综框的数目增加了，2片综只能织平纹组织，3~4片综只能织斜纹组织，5片以上的综才能织出缎纹组织。至于织复杂的花，则必须把经纱分成更多的组，因此多综多蹑花机逐渐形成。西汉时最复杂的花机综、蹑数达到120。由于蹑排列密集，为方便操作，遂出现"丁桥法"，即每蹑上钉一竹钉，使邻近各蹑的竹钉位置错开，以便脚踏。三国时马钧发明了两蹑合控一综的"组合提综法"，用12条蹑可控制60多片综分别运动。

由于综框数量受到空间的限制，织花范围还不能很大。于是起源于战国至秦汉的束综提花得到推广。其法是不用综框，而用线分别牵吊经纱，然后按提经需要另外用线串起来，拉线便牵吊起相应的一组经纱，形成一个织口。这样，经纱便可以分为几百组到上千组，由几百到千余条线来控制。这些线便构成"花本"。用现代术语讲，就是开口的程序。这时织工只管引纬打纬，另由一挽花工坐在机顶按既定顺序依次拉线提经，花纹就可以织得很大。唐代以后随着重型打纬机构的出现和多色大花的需要，用纬线显示出花纹的织法逐步占了优势。多综多蹑和束综提花相结合，使织物花纹更加丰富多彩❷。

三、棉花的传入和棉布的出现

公元前四五千年印度河流域的人们开始种植棉花。大约9世纪的时候棉花种植方法传到西班牙。大约15世纪，棉花种植方法传入英国，并传入当时英国在北美的殖民地。

❷ 周启澄. 纺织科技史导论[M]. 东华大学出版社，2003.

在我国广西、云南、新疆等地，2000多年以前人们就开始用棉纤维作为纺织原料。在中原地区，棉花起初作为观赏植物，在花园里被作为"花"来观赏，后来才作为纺织原料使用。

棉花是由南北不同的路径传入我国的。在秦汉时期印度的棉花途经东南亚传入海南岛和两广地区，同时途经缅甸传入云南。大约在南北朝时期非洲棉经西亚传入新疆、河西走廊一带。在宋元时期，棉花传播到长江和黄河流域广大地区，棉布逐渐替代丝绸，成为我国人民主要的服饰材料。图2-4所示为1959年新疆尼雅一号墓出土的西汉时期印度产的印花棉布。

图2-4　西汉时期印度产的印花棉布

四、土布的简说

1. 从源流上说

土布，又名老粗布，是几千年来劳动人民世代沿用的一种手工织布工艺。"弄儿床前戏，看妇机中织。"中国的传统纺织，在历代社会生活中源远流长。机杼唧唧的织布工艺，织就了众多绫罗绸缎，也包括具有浓郁民族特色的土布。早在新石器时代我国就有了手工织布的技艺，元明之际，人们已将多种手法揉于棉织工艺，土布制造完全成熟；到了清代，纯棉手织布也作为向朝廷进贡的贡品和外族友邦邻国的贵重传统交换礼品，并以此与当时的日本、朝鲜、印度、波斯、阿拉伯等许多亚欧国家建立了广泛的经济外贸关系，纯棉手织布已显出在当时人们生活、衣着、服饰方面的重要地位。清末，洋织机进入中国之前，布商都是以土布机手工织布为主，从洋纱的引进，到洋经土纬的棉布织造，开创了中国纺织革命的先河。随着工业革命的发展，纺织机械从问世到进入中国，大大提高了纺织效率，节约成本，从而逐渐替代土布在日常消费中占据了绝大比例。

随着现代社会经济的发展，人们不断追求绿色、环保产品，土布又得到人们的推崇，在与人们关系密切的衣、食、住、行中的服装和床品上得到了广泛的应用。如今，在中原大地上，成千上万的农家妇女还在唧唧复唧唧，用神奇的双手续写着土布古朴华美的乐章。由于土布的纯棉质地、手工织造、民族图案、古老民间工艺等特点，它再次成为人们追逐时尚的热点，成为现在孝敬父母、馈赠亲友的最好礼品。图2-5所示为人工织布机。

图2-5　人工织布机

2. 从工序上说

土布的织造工艺极为复杂，从采棉纺线到上机织布全部采用纯手工工艺，每道工序、每件产品都包含着繁复的劳动。它的图案可以从22种色线变幻出1990多种绚丽多彩的图案，变化万千，巧夺天工，让人叹为观止。

3. 从品质上说

中国的传统土布纺织工艺采用的是真正的100%棉，甚至连缝布用的线也是棉纺成的，全部工艺采用纯手工制作，是真正的绿色、环保、天然的产品，无任何工业污染。其具有吸汗透气性好、富有弹性、柔软舒适、冬暖夏凉、不起静电、调节新陈代谢、有效防御紫外线、抗辐射、肌肤亲和力强等特点，有极高的使用价值。

4. 从图案意境上说

土布的图案意境靠各种色线交织出各种各样的几何图形来体现。它不是具体的事物形象，而是通过抽象图案的重复、平行、连续、间隔、对比等变化，形成特有的节奏和韵律，它反映出生活的形式是曲折的、间接的，因而更具有艺术魅力。

土布的传统用色多以大红大绿、纯黑纯白穿插，多种纹样经过农家妇女的巧手组合，再加上经纬纱线色彩的不同变化，质地柔软，色泽艳丽，图案变换多端，风格粗朴豪放，蕴含古老的人文气息，让人有一种返璞归真、舒适自然的感觉。

5. 从技巧上说

土布的工艺包含了很多技巧的。首先是经线上浆，即用面糊将经线浆一次。面糊过稠，经线就脆，易断线；面糊过稀，经线就松，也易断线。其次是牵线，即上经线，牵线时用手执线，手要保持平衡，不然牵出的线松紧不一，织布时易被梭子打断。再次就是挽绺，绺扣长短要一致，才能使上下经线截然分开，梭子来往畅通无阻。织布最重要的是手推脚踩，互相配合。织布用的绳腔（嵌扣的木框）是用手推，推得重落得慢，布就紧；推得轻落得快，布就稀疏不均。最后是修整布，先将布上小疙瘩刮掉，再将布密封在缸中，燃入硫黄，布被熏白，取出，喷浆折叠，放到石上垂扁。经过这几道工序，布就漂白、平滑、密实。

6. 从工具上说

土布制作过程中需要采用以下主要工具：

（1）脱棉器。其作用是将采摘的棉花脱去棉籽，其结构简单，人工手摇或者脚踏操作，通过铁轴与木轴互相滚动，挤压棉花，使棉籽分离出来。

（2）弹棉器。其作用是将脱去棉籽的棉花纤维松开。弹棉器由弹棉弓、小橙、击槌组成。

（3）纺车。将弹制好的棉花纺成棉线，由人工手摇，可日纺八两（400克）。

（4）打车。将纺好的纱锭打成数股，便于浆染洗。

（5）牵经。纺织之前，通过人工来回跑走将棉线拉直成经，其结构由木板和钉子组成。

（6）脚踏织机。脚踏织机的出现腾出了双手投梭，双脚控制提综，提高了织布效率。

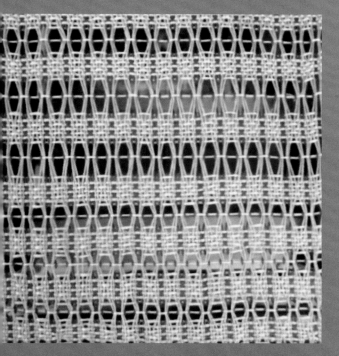

第三章

薪火相承的

土布织造技艺

一、威县土布的渊源

威县土布的历史源远流长，有文字记载也可谓十分久远。在历史上威县曾经称为经县，经县是曾经出现在威县北部区域的汉时古县，从东汉初期设置，到公元1073年废县设镇，前后经历千余年的时间。经县来源于丝织之说，也是很有代表性的言说。

经，古字为"巠"，形声字，从糸，表示与线、丝有关，本义为织物的纵线，与"纬"相对。《说文解字》卷十三之糸部"经，织也，从'糸''巠'声"。从字面理解，经县之名或与丝麻有关。

从零散的历史记述中看，经县确实和丝织有关。棉花是明朝时才从西域传到中原的，明朝以前没有棉花，那时候穿的衣服都是丝麻织物。上交的赋税也是一种丝织物，叫绢，因此也叫上税纳绢。历史上经县之域，气候适合种桑养蚕，有大面积的桑树，种桑养蚕是农业的主要经济收入，经县所在的巨鹿郡是两汉时期丝织业最发达的地区之一。到了宋金时期，经城县被裁撤很多年后，丝织业依然是支柱产业。金正隆三年（1158年）刻石的《洺州宗城县新修宣圣庙学记》记录："宗城为临洺之大邑，桑麻万户，鸡犬之声相闻。"这些直接和间接的历史记载，都把经城和丝织联系在了一起❶。

宋末元初，棉花的种植已在威县的土地上推广。元朝时黄道婆开始推行"捍弹纺织"，她发明的脚踏三锭纺车取代了手摇一锭纺车。元朝末期，纺织技艺传入威州（今河北威县），到明后期，土布已成为威县人穿着的主要衣料来

❶ 王辉.经县：废弃的千年古县[N].邢台日报，2018-7-14.

源。84版威县志记载，明嘉靖年间（1550年）植棉1616亩，在县治东北70里寺庄集以东建便民（棉）仓一所。民国12年（1923年）威县植棉达30万亩以上。由于盛产棉花，织造土布业随之兴起。沙柳寨、东王曲、西王曲、罗张庄、辛台林、官地村、丁家寨、七级、赵村、章华等地织布者较多，每村织布机数十架至百架不等。村内机杼之声，比户相接，昼夜不绝于耳。官地村400余架织布机，日产土布800余匹（每匹约33.3米）；丁家寨800余架织布机，日产土布1000余匹。远销外地的货物中以土棉布为大宗，主要销往太原、平遥、张家口、蔚州等地，每年外销约120万匹。

鸦片战争以前，中国棉纺织生产的主要形态是纺织结合、耕织结合的家庭副业形式，受其影响，威县也出现了以棉纺织为专业的小商品生产和工场手工业形式。棉布生产仍是沿习在脚踏斜织机上以双手投梭织成，故布幅均约尺余，未有改变。鸦片战争以后，棉纺织行业转入了工业化生产时代。

但是土布厚实，适合中国农村的消费传统，手工棉织业在自给自足的小农经济基础上，还存在一定的市场。特别是威县很长时间都是冀南抗日根据地的冀南行政公署所在地，手工纺织品成为军需用品的重要组成部分。威县人纺花织布做军鞋，大量的纺织品成为人民军队的重要军需物资来源，为抗日战争和解放战争做出了重要的贡献。图3-1所示为1946年12月《人民日报》刊登文章《日夜不断机杼声，邵固纺织胜战前》的照片，图3-2所示为1947年《工农兵》刊物刊登威县土创染军衣法的照片。图3-3和图3-4所示为当时织布和纺纱的老照片。

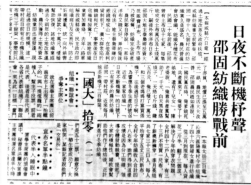

图3-1　民国35年（1946年）12月《人民日报》刊登文章
《日夜不断机杼声，邵固纺织胜战前》

图3-2　1947年《工农兵》刊物刊登威县土创染军衣法

图3-3　织布老照片　　　　　图3-4　纺线老照片

二、威县土布的传承谱系

土布纺织是威县农村家庭妇女必学的技艺。技术、技巧主要是长辈传授和互相借鉴学习，虽没有严格师承关系，但他们世代相传。如今掌握花色品种较多的是威县东王目村的郭焕芝老人和她的儿子高庆海、儿媳陈爱国。他们家族于明末清初迁入河北省南宫东大城十甲东王母村（今河北省威县东王目村）。威县土布的传承谱系见表3-1。

表3-1 威县土布的传承谱系

代别	姓名	性别	出生年月	文化程度	传承方式	学艺时间	居住地址
第一代	杨氏	女	不详	无	家传	不详	
	贾氏	女	不详	无	家传	不详	
第二代	张氏	女	不详	无	家传	不详	
	王氏	女	不详	无	家传	不详	
	牛氏	女	不详	无	家传	不详	
第三代	武氏	女	1749年	无	家传	1762年	
第四代	刘氏	女	1781年	无	家传	1794年	
第五代	田氏	女	1817年	无	家传	1830年	
	徐氏	女	1819年	无	家传	1831年	
	邱氏	女	1820年	无	家传	1833年	
第六代	武氏	女	1851年	无	家传	1863年	
第七代	张氏	女	1875年	无	家传	1887年	
第八代	史氏	女	1894年	无	家传	1917年	
第九代	郭焕芝	女	1937年	小学	家传	1950年	
第十代	陈爱国	女	1970年	初中	家传	1984年	威县东王目村
	高庆海	男	1971年	大专	家传	1984年	威县东王目村
十一代	高雅欣	女	1991年	大专	家传	2009年	威县东王目村

三、威县土布的生产工艺流程

威县土布纺织技艺工艺复杂，工序繁多，主要有轧花、弹花、搓布绩、纺线、打线、染线、浆线、络线、经线、闯杼、过绞、缠绮绺、刷线、掏综、点杼、绑机、做纬、织布、燆布、锤布等20道主要工序。

（一）轧花

工具：轧花车（擀车）。

原料：棉花。

轧花就是把籽棉当中的棉籽去掉的过程。在当地带籽的棉花叫籽棉，经过轧花去籽变成皮棉，俗称生洋子，然后再弹才成熟洋子。

轧花车也叫擀车，擀车是通过铁轴和木轴向着相反方向旋转挤压擀轧实现棉纤维与棉籽分离的工具（图3-5）。

皮辊轧花机起初是用人力脚蹬，后来用柴油机带动，再后来用电动机。锯齿轧花机是采用锯齿辊分离棉籽。

图3-5　擀车（棉花去籽）

（二）弹花

工具：弹花弓、弹花槌、磨盘板。

原料：生洋子。

弹花弓有南北之分，用途一致，都是弹花。其制作材料不同，南弓大多采用竹子而北方多采用木质，这可能与地理环境、当地所生长植物有关，就地取材，如图3-6所示。

威县当地弹花匠所用的弹弓大多是采用自然生长并有一定弯曲度的小枣树或其他有韧性的树木做成，也有专门用大木料来制作弓的，但较少，弓弦采用牛筋来制作，结实耐用又富有弹性。

弹花的场地和弓的挂法 弹花匠在弹棉花时，通常需要两人搭档合作。在院子里找块空地，用凳子支上门板，即可以开工。在工作时，常会在身上系一根腰带，在腰后用绳子绑上一根木棍，木棍高出头顶两三尺，超出肩膀的部分向前弯曲，用来悬挂弹弓。

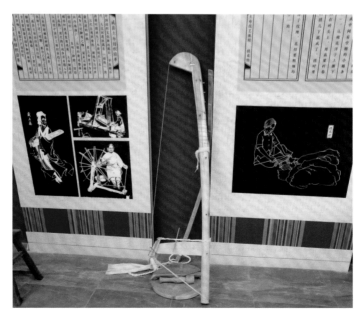

图3-6　弹花弓

弹花用途　弹棉花，也叫弹洋子，是棉花去籽以后，再用弦弓来弹，也可以弹旧棉絮以翻新。弹好的棉花可以絮棉被、棉衣，也可以搓布绩纺线。

弹花技法　弹棉花时匠人通常左手持弹弓，右手持弹花槌，有规律地振动弓弦，再用木槌有节奏地打击，弓弦忽上忽下、忽左忽右，均匀地振动，伴随着弹弓发出的特殊声响，棉絮一缕缕地被撕开，使板上棉花渐趋疏松，将棉纤维弹松。洁白的棉絮如同受惊的小鸟一样飞起，向四处飞溅，又慢慢地落下，木槌敲击弓上的弦，来沾取棉花，靠"弓"来整理棉花，重新组合，形成新的棉絮。正如民谚中所描述的那样："檀木榔头，杉木梢；金鸡叫，雪花飘。"弹花匠们正是用弹花槌敲击弹弓弦，以弓弦的振动拉动棉纤维，以达到棉纤维重组的目的。伴随着低沉的声音，弓弦埋入棉花；而当弓弦浮出棉花时，又会伴随着高亢的声音，余音环绕不绝。棉絮弹好之后，就可以搓布绩纺线了。如絮棉被，弹花匠就会将弹好的棉花按规定尺寸摆放好，然后用纱线将棉絮的两面纵横包裹起来布成网状，以固定棉絮。网住这些棉絮不让它散开，使之平贴、坚实、牢固。最后用木制圆磨盘板将它压平整，经过多次弹花、压花、上线的工序，一条温暖的新棉被就完成了。

（三）搓布绩

工具：高粱秆、方砖。

原料：熟洋子。

搓布绩（图3-7），也叫搓棉条或搓棉结，就是把弹好的棉花洋子搓成指头粗细、一尺来

图3-7　搓布绩

长、中间有孔的棉条。根据一根布绩用料多少，从大块棉花洋子上撕下一块洋子，伸展成均匀的长方形棉片放在方砖上，拿高粱秆卷着来回搓几下，抽出高粱秆，一根布绩就搓好了。这样周而复始搓几十根，拿一根布绩把搓好的布绩从中间打成捆放一边，准备纺线用。搓布绩要粗细均匀、大小一致、劲道匀称才好用。

（四）纺线

工具：纺车、皮钱、锭葫芦、纺花锭子。

原料：布绩。

纺线是把布绩纺成线的过程（图3-8）。纺车由木工制作，纺锭也是由专业人士制作。纺锭分两种：木质和铁质，木质是旋床师傅旋的，铁质是打铁人打的，也有专业打纺锭的，皮钱和葫芦都是木制的，一般皮钱是柳木的，葫芦是枣木的。通过走访得知，旋纺锭、皮钱、葫芦的工具各有不同，旋纺锭师傅不一定会旋皮钱和葫芦。打弦、绑筲帚疙瘩、绑镉子、绑油瓶都是由纺线人自己准备的。

图3-8 纺线

1.拧锅子

锅子和笤帚疙瘩两个物体既可以支撑纺锭又可以自由旋转。对锅子的要求是结实耐磨有韧性。民间通过长期实践得出结论，高粱秆是编锅子的最佳材料。选用成熟饱满、粗细均匀、一头带有节头的高粱秆七八寸长，在水中泡一天，其作用是使其柔韧不易断。高粱成熟后，刚从地里砍下的高粱秆还保留有水分，就不用在水中泡了。在没有节头的一端按均等三分劈开。劈至底部距节头很近的地方，不能完全劈开。节头处保持一个整体，其余分成三根，劈开后去掉瓤再泡，这时要掌握干湿度。太干了容易断，湿度太大也不好，不好上劲。三根都拧上劲，这三根就自然拧到一起了。拧完后用线绑住头部不让其破瓣。拧好后放入油中浸泡两天，拿出阴干，再放入油中浸泡，阴干，这样反复几次，一根锅子就做好了，挂在墙上备用，如果长时间不用，用的时候还要在油中浸泡。在使用过程中也要不断涂油。

2.绑锅子

将锅子绑在纺车的前脚爪上与前脚爪上的笤帚疙瘩一起支撑固定纺锭。绑锅子的注意事项前面已经说过，此处不再重复。

3.绑笤帚疙瘩

就地取材，也有用布鞋底的（当然是那种自己做的千层底鞋，穿旧了的鞋底）。把笤帚疙瘩绑在纺车的后脚爪上，与前脚爪上的锅子一并起到支撑固定纺锭的作用。绑笤帚疙瘩和绑锅子的位置高低要根据纺锭和栓翅弦的习惯来决定。绑锅子和绑笤帚疙瘩的两个脚爪很近，笤帚疙瘩和锅子的距离以及翅弦平衡度不好把握。纺锭扎进笤帚疙瘩太深，纺锭旋转不顺畅，扎得太浅纺锭会拔出来，都会影响后面的纺线工序。

4.绑油瓶

就是找一个较小的瓶子，里面放些油，再放进一个类似棉签的东西，都是纺线人自己找个较细小的木棍缠上点棉花即可。将油瓶绑在纺车的前脚爪或后脚爪上，绑油瓶的位置不能影响纺线。一般绑在前爪上，因前爪与纺线人较近，使用起来较方便。纺一段时间就要把纺车上该涂油的地方涂油，起到润滑的作用。

5.打弦

弦分两种，一个是涨弓弦（也叫翅弦），一个是锭弦。翅弦是绑在纺车翅上支撑锭弦的；锭弦连接翅弦，与葫芦起到传动作用，转动纺车大轮带动小轮使纺锭飞速旋转。新的纺车上没有弦，弦用的时间长了也会磨损。都需要纺线人自己打弦。

（1）涨弓弦的制作。涨弓弦要比锭弦长。按照一定长度把纺好的线找个可以挂的地方来回挂，挂到一定粗细搓上劲，用线把两头孔系在一起涨弓弦做好了，然后把涨弓弦绑在纺车上。往纺车上绑时要根据弦的长短决定怎么缠绕。为节省材料，锭弦不能使用了还可以当翅弦用。由于翅弦长，所以要接弦。

（2）锭弦的制作。是把纺好的线缠绕到纺车的翅上，一般十个翅的纺车隔五桄六。十二个翅的纺车隔六桄七，桄到一定粗细，摘下一头挂在纺车的脚丫上，另一头用手搓上劲。上好劲再把搓的这头挂在脚丫上，再搓另一头，上好劲。用手拿住两头转动纺车，使劲均匀，弄好后用线把两边头系在一起（因在纺车翅上桄的线两头会有半圆孔），一根锭弦就做好了。

6.纺线

纺线的工具是古老的纺车，先把纺车安放调试好，纺锭上安上锭葫芦，从锅子中穿过套上锭弦插入笤帚疙瘩中，再安上皮钱。右手食指伸入纺车摇柄的圆孔内慢慢摇动。左手拿一布绩用布绩头部先在纺锭头部纺出一段线，再把线头放到皮钱跟上，转动纺车，由大轮带动小轮、车弦带动纺锭快速旋转，与此同时，左手捏着布绩斜着向后上方移动，捏布绩的手可以感觉出线捻的多少（即平常所说的线劲的大小），当左手移动到一定位置时，右手倒转使缠绕在纺锭前部的线放开，然后正转使线上到挨近皮钱处，这样来回，等纺到穗子够大时卸下放在一边，再纺下一个。纺线时线断了不用接，把线搭在布绩上，一上捻就自动接上了。一根布绩纺完用同样办法即可完成其他布绩。在操作中，右手摇动的快慢，左手抻线的速度和捏布绩的力度，三者要协调、配合恰当。只有这样，才不会出现断线、不出线、出线不均匀或线捻过大过小的现象。捏得紧不出线，抻得慢、摇得快捻大且打捻，抻得快摇得慢没捻且断线。纺够一定数量的穗子才能进行下一步。

（五）打线（拐线）

工具：打线墩、打线车、梃针、线拐子。

原料：纺好的线穗子。

线拐子是三根木棍互成直角，把线绕成捆的工具。拿一个纺好的线穗子，串到梃针上，穿梃针时要注意，还是穿到在纺车上取下线穗子时留下的孔中。右手拿线拐，左手拿带线穗的梃针，左右手配合，把棉线按照一定规律缠在线拐上，缠到一定数量时取下系紧（打捆），如图3-9所示。如缠绕轨迹不对，缠绕的棉线将不成拐，染线时容易乱顺序，络线时就不能顺利进行。

打线操作　打线车是从拐线发展而来的。先把打线架放在打线墩上，这个整体叫打线车。和拐线一样，把纺好的线穗穿到梃针上，把线绕到打线架上，右手转动打线车，左手拿着带穗子的梃针（或把梃针插在筶帚上，也可插在地上，左手掐线），把线绕到打线车上，如果线断了或一个穗子打完，需要把线系个结接上，如图3-10所示。

图3-9　拐线

图3-10　打线

打线（拐线）的作用 打线是把纺好的线穗子打成拐，使线松散，染线时能够更好地使其均匀着色。由于前面纺好的线是从纺锭上取下的，缠绕比较紧密，染色时里面不容易着色，所以在这个环节要改变线的缠绕规律，把线穗变成线拐。打线时还要注意打捆。原来使用线拐子，后来用打线车，所以也叫拐线。大概线的一个量词几拐线也是从这里来的。打线工具虽然简单，但大大提高了效率。

（六）染线

工具：晾线架、盆、锅、柴。

原料：染色的植物、水、被染的线。

五颜六色的布匹才会更受人们的欢迎，所以在很早的时候我国劳动人民就发明了染色。

图3-11和图3-12所示是染线和晾晒染线的场景。

1. 染色分类

染色按是否加热可分为冷染和热染，按染料材质可分植物性染料染色、动物性染料染色、矿物染料染色、化学

图3-11　大锅染线

图3-12　染线晾晒

染料染色。按染色的方法可分印染、拓染、全染和防染等。

印染大多以版印为主，版印又有一般版和镂空版。一般版就是把图案花型刻在平整的硬杂木上，刷染料印在布上。一般图案较小，多用于较小地方的装饰。镂空版是用牛皮纸上油雕刻镂空花型再上油，制好镂空版后，把版铺在布上刷染料进行染色。镂空版也可制作成套版，使花型呈现不同颜色。

拓染，是利用植物茎、叶、花的自身颜色，取其含色素的茎、叶、花铺在布上，用锤子敲打使其颜色染在布上。

全染，是把线或布直接染成一种颜色。

防染，是利用捆扎、夹缝或其他方法防止部分地方上色的一种染法。

2. 染色原料

威县土布纺织技艺大多采用植物染料染线再织布，对于其他染料涉及较少。使用天然的植物染料给纺织品上色的方法，称为"草木染"。早在四五千年前的新石器时代，我们的祖先在一次无意中发现，山野中的草木之根、茎、叶、皮经温水浸渍后，可提取染液。之后在一个漫长的实践过程中，先人逐步掌握了植物染料的提取、染色技术。常用的染料来源植物主要包括茜草、红花、苏木、栀子、槐花、紫草等。

植物染所赋予织物的奇特之处在于，其一，变幻的自然色泽。植物染料取材山川大地，因季节、时间、气候、地域等各种因素，使萃取出的染液呈现出不同的色泽，没有绝对的重复。其二，草木自有的沉静安详气质，兼有的药用避邪功能，使织物独具味道。例如，扎染常用的板蓝根，染蓝衣物的同时，对肌肤还可杀菌解毒；染黄色的艾草，除了是民间传统辟邪之物，还具有抗菌及抗病毒作用。其三，相对于化学染料，草木染给予地球的是人与自然的良性循环，给予人类的是植物纯净的材质，给肌肤自由的呼吸，让身体回归自然。所以有人说：真正的草木染，是借助草木本身的力量，顺应自然四季变化，依节令时令行事，染出来的颜色才具有生命力。

3. 染料染液提取和染色方法

植物染染料大部分既是染料又是中药材，染液的提取与中药的煎制很是相似，有的需要提前泡，有的可以直接煎熬。

（1）**冷染**。冷染要先制好染液，把所需要染的线（布）放进染缸内浸泡，使被染物着色，根据所要颜色深浅反复染，不需加温。应注意不要染花。

（2）**热染**。从字面意思就可以看出这种染法需要加热。先在锅中放水，水的多少根据要染线的多少、植物染料的多少来决定，也可以根据加水比例来调节颜色的浓淡。放入水后大火烧开（根据不同染料来决定是否烧开，有的染料需要在60～70℃），放入植物，小火慢煮保持微开，需要1小时左右。染液过滤，滤出料渣不用，再把滤好的染液倒入锅中烧开。把打好的线放入锅中，来回翻动，尽量使棉线全部浸泡在染液中。为了使线染色均匀，还要不停地翻转棉线（为更好地使线着色，提前把线放入水中浸泡30分钟左右，让线浸透，吃足水分）。微火保持微开煮1小时，捞出，去浮色（有的需要二次煮）。先把棉线用手拧几下，挤出棉线中的水分，然后把它放在搭好的木支架上进行晾晒。注意不要暴晒。晒干后就可以进行下一步上浆了。

在威县还有土染，就是先用胶泥土摔、打、砸线，然后进行染色。还有用砸杏树根的办法进行染色的，此时要先把杏树根砸好然后再染色。

（七）浆线（上浆）

工具：盆、锅、凉线架、柴火、勺子、小擀杖。

原料：打好的线、小麦面粉、水。

上浆是为了增强线的光滑度，提高线的韧性，使线挺括。这样织布时不起毛、不粘连、不易断线。手工织布都是用小麦面粉来浆线，完全不用任何化学增强剂，因此织出的布更绿色环保。图3-13所示为浆线时的场景。

首先需要进行的是和面，面的软硬程度跟手擀面差不多就可以了，面和透后需要在清水中进行洗面。洗面是为了洗出面团中的面筋，去掉面筋。上浆所用的浆汁就是洗面筋形成的浆汁。洗面时不要着急，浆中的面筋含量越少，浆出的线就越透亮、不粘连、越好用。

图3-13　浆线之上浆

把洗出面筋的浆汁倒入锅中大火煮开，同时还要用勺子不停地搅拌，防止煮糊、粘锅。烧开后改用小火慢煮，大约10分钟，浆汁煮熟，掏入盆中备用。

用水稀释煮好的浆汁，这个过程非常重要，稀释的浆汁不能太稀也不能太稠，太稀了达不到上浆的效果，太稠了线容易粘到一起，不方便使用。凭经验一般稀释到不能有浆块，浆汁稀稠均匀就可以了。

把线放入稀释好的浆汁中进行上浆，用手揉搓棉线，使其充分浸透，然后拧去水拿去晾晒。图3-14所示为晾晒浆线。

晾晒时要把线尽量平铺、散开，这样既方便晒干，也减少了线粘在一起的概率。

晾晒时为了使线散开不粘连，里外干湿均匀，需要用擀面杖把线拧出水分再搒（晾晒时穿入木棍，双手握木棍两端用力拉一下，松一下，使线蓬松）几下。需要注意的是，线差不多干时就不要搒了，不然线容易被拉断。线晾干备用。

图3-14　浆线晾晒

（八）络线

工具：络子、络线墩、旋风、专用板凳。

原料：浆好的线。

把浆好的线放到旋风上络到络子上准备经线。旋风的设计非常巧妙，板凳起支撑的作用，四根竖直的木棍既是撑线的支架，又可以旋转，起轮子的作用。下面比较粗的木棍从板凳中间的洞中穿过，这样就可以自由旋转了。听着吱呀吱呀的声音，这些线就乖乖地缠在了络子上，这样既方便又节省了时间。图3-15所示为络线的场景。

图3-15　络线

（九）经线（牵经）

工具：经线架、经杆、经圈儿、挂线檩、交檩。

原料：络好的线。

经线也叫牵经，是非常重要的一道工序（图3-16）。它是设计一个程序，后面织造都是按照这个程序来完成。牵经是老粗布织造中的一个核心技艺，也是确定所织布的长度、宽度和花型的其中一道工序。织布的长度是由线檩之间距离和线檩数量决定的（图3-17）。

图3-16　经线

图3-17　经线拾绞

　　传统的经线一般都是在一间比较宽敞的屋子里进行，先把两组经线橛分别固定在两边。其中一边要固定两个比较高的橛，叫交橛。两组经线橛中间隔一段距离，中间隔的距离要做到心中有数，以便于掌握经线的长度。

　　牵经之前先要想好织出的布都需要哪几种颜色，牵经就要按花型依次排列这些颜色的经线。比如，要织一条白粉条纹相间的布，就要按白、粉、白、粉这样的顺序重复地排列好经线。把准备好的经线按颜色依次摆在经线架的一侧，找出线头，并依次穿到挂在经线杆上的经线圈中，再根据所要织造尺寸的大小，把经线根数牵出来。经线就是把棉线一条一条地纵向紧密排列。经一下一上，要把经线一根一根地用手挽一个圈，把这个圈挂在交橛上，这叫拾绞。也就是说，把经线分成上下两层，形成经线交叉与开口。牵经的目的就是确定所织布的长度、宽度、花型，使经线形成交叉。

牵经线时要注意每次挂在经线橛上的方向和顺序都要一致，不能出现经线长短不一的现象。这样经线就不会缠在一起，剪不断，理还乱。

达到所需要的经线长度后，就要拿剪刀把剩下的经线剪断，并打结固定好线头，下面就要进行闯杼了。

（十）闯杼

工具：杼、挺针、布条、包袱。

原料：经好的线。

闯杼、过绞、缠绮绺，是把经好的线从经线架上移下来的过程。闯杼、过绞可以在缠绮绺前，也可以缠好绮绺再闯杼、过绞。

闯杼要借助点杼刀或纺花锭子进行操作，如果缠绮绺前闯杼就用纺花锭子。这个过程需两人完成，一个人一手拿杼（这时所使用的杼要与圣子和所经线的根数相对应，过窄，刷布时卷到圣子上的经线会脱落造成长短不一；过宽，刷布时经线不容易卷到圣子轴上，使部分线被挤在边上，也会造成经线长短不一），一手拿挺针，另一个人按照经线时拾绞的顺序一根一根地递。这个人用挺针将经线别过杼眼，别过的线要用绳子穿过，防止脱落。就这样每个杼眼中两根线全部弄完。这个过程叫闯杼，如图3-18所示。闯完该过绞了。

图3-18　闯杼

（十一）过绞

工具：杼、挺针、布条、绞杖。

材料：经线。

过绞是使经线的交叉从杼的一边过到另一边的过程。

闯完杼后闯过的线是圈状，在这个圈里穿上一根绞杖，穿时要注意每根经线都要穿上。这个圈中还有个绳是闯杼时穿的，去掉一个交橛，这时经线绞就从杼的一边过到了另一边，再穿上另一个绞杖，把两个绞杖系在一起，然后去掉剩下的交橛，过绞完成。

（十二）缠绮绺

工具：无。

材料：过完绞的线。

过完绞后按照一定规律把经线橛上的线缠绕成球状叫缠绮绺。把带杼的一头背肩上，跟着原来排好的经线走，一边走一边把经线缠绕在手上。缠绕不能太紧，太紧了取不下来，也不能太松，松了容易脱落，刷线时不能顺利展

图3-19 缠绮绺

开。缠绕起来方便经线的移动。这个过程也需要两个人配合完成，一个人缠绮绺，另一个人则按规律取下排在经线樾上的经线。把经线全部缠好之后，需要注意的是，经线结尾部分的线头不要散开。最后把缠好的绮绺用布包起来，这样是为了防止经线散开，同时也是为了保证经线的清洁。图3-19所示为缠绮绺场景。下面就要进行刷线了。

（十三）刷线

工具：刷线架子、拖耙、石盘、刷子。

材料：经线。

刷线的目的是把经线梳理整齐、工整，松紧一致。这个过程直接影响着布的质量。图3-20所示为刷线场景。

拖耙是一个木制的、上面放上绮绺包，经线拽着它走的一个工具，也可用树枝代替。石盘是增加拖耙重量使经

图3-20 刷线

线保持直紧状态的，说人懒惰时会说：看你懒得跟拖耙一样不拉不走。

把包着绮绺的包袱放在拖耙上，拽出杼最前面的那个穿经线的布条穿在圣子棍上，用手把经线整理均匀，使其平铺放在刷线架子的圣子中。转动圣子，就可以把这头的经线卷到圣子的轴上了。让拖耙与刷线架子有一段距离，用刷子刷线，让线排列均匀，松紧一致，使杼与绞杖往前走。为了更加明显地区分出两层经线，使每根经线都能被刷到，在杼与绞杖的中间开口处穿一擀面杖，一边刷线一边往后打绞杖。把刷好的经线卷到圣子的轴上。拖耙与经线架子近时往后拽动拖耙，把绮绺包袱里的经线慢慢地拉出来，把拖耙拖回原处。这样周而复始，直刷到快到尽头。刷经线时不要着急，一定要把每一根经线都刷直、刷平，刷线的质量直接影响着织出来的布的质量。把刷好的经线卷到圣子的轴上时，卷几圈就要放一根高粱秆防止部分线勒进去造成松紧不一，长短不齐。这样重复操作，直到把所有的经线全部刷完。最后拿剪刀把最边上的这些经线剪断，取出擀面杖和杼。注意不要把绞杖滑掉，把经线的头绑好，为下一步掏综做好准备。这样刷线过程就完成了。

（十四）掏综

工具：综、掏综架。

材料：刷好的经线。

综是使经线形成开口的一个工具。根据所要织布的不同，有两片、三片、四片或更多综。掏综的顺序也是决定所织花型的一个重要环节。

把刷好的线放在掏综架上，掏综架上捆好综。解开原

图3-21　掏综

来绑好的经线结，根据刷好线的排列顺序每根线从一个综捆中穿过。需要注意的是，综两边的综捆中各穿两根经线，这叫双边。其他的综捆都是穿一根经线。

掏综是有规律的，绞杖区分好的两层经线，前综和后综是要对应着穿的。也就是说，上经线要穿到前综的综捆中，下经线要穿到后综的综捆中，顺序不能错。图3-21所示为掏综操作场景。掏综完成就要进行点杼了。

（十五）点杼

工具：杼、点杼刀

点杼需要借助点杼刀进行操作。点杼刀的一头有一个小勾，用来勾经线。需要注意的是，杼的两边各穿四根经线，掏综时边上已经用了双线。其他的杼眼中都是点两根经线，也就是说把前综和后综的两条经线都点到一个杼眼中。点杼不要有间隔，如出现空杼眼，织出的布就会出现稀密不一致。需要保证每个杼眼中都有一定规律的经线，而且顺序不能错（根据所织布的要求有时也会留空杼眼，一定是提前设计好的。经线根数、留的空杼眼数、杼总杼眼数和布的要求要一一对应）。穿过杼眼的经线需要打活结固定好，防止脱落。图3-22所示为点杼操作。

最后需要进行的是绑机，也叫吊机、栓机、上机，是准备工作的最后一道程序。

图3-22　点杼

（十六）绑机（栓机、吊机、上机）

工具：织布机、手巾头。

材料：经线。

两页综的机楼上放两页综的翻板，四页综就放四页综的翻板，也有用轮轴的。在翻板上拴上吊绳和勾。综与翻板连接，综上也拴好吊绳，吊绳的栓法也要根据轮轴或翻板调整。轮轴，一页综上拴一根绳即可，翻板要栓两根绳，都可以打活结。综与踏板连接的吊绳的拴法是一样的。

首先把点好杼的圣子放在织布机的机框上，转动圣子的同时拉出经线。把综上面的吊绳按顺序挂在机楼翻板的吊绳勾上。首先在杼的两边各安一块挡杼板，注意挡杼板的宽度要与杼保持一致，最好是放在撑框中不留空隙。然后再把杼放进撑框的槽里，把撑框弄紧使杼在撑框内不松动。用手把撑框这边的经线一绺一绺地捋直、捋平、捋紧，再按照一边一绺的顺序与卷布轴上的手巾头绑结在一起。绑结时按照先两边、后中间的顺序，如拉力不均要重新绑一遍。综的下面挂在脚踏板上，然后进行调试。调试好就可以进行织布了。蹬踏板的顺序也是织什么花型的一个关键步骤。

（十七）做纬线

工具：穗挺、穗脐、纺花锭子、纺锭架、线穗子、水盆、小擀杖。

材料：线。

1.纬线准备

纬线需要装在梭子中才能使用，所以第一道工序就是将棉线缠绕成纬线穗子。做纬线穗需要穗挺和穗脐。穗挺是一根跟筷子粗细长短差不多的圆木棍。穗脐原来都是用陶片磨制而成。一边宽一边窄，宽的一边成半圆状，有一个孔，穗挺正好能穿过。把纬线先穿在穗脐中，然后再穿上穗挺，纬线围着穗脐缠绕成类似杏核一样，两头细、中间鼓，缠绕够大后，在穗子两边绕几圈，抽出穗挺，拿出穗脐带出线头。带出的线缠绕在穗子上，纬线就准备好了。如图3-23所示。

2.纬线处理（吸穗子、拍穗子）

织布前需要把穗子弄湿，这样织出的布紧密。水盆中放入适量水，一般把水盆放在桌子上。整理穗子，使穗子对折用嘴叼住纬线穗子两头，低头使穗子浸入水中吸气，穗子吸满水后拿出，用小擀杖拍穗子，这个过程叫吸穗子，也叫拍穗子。拍好后拧出穗子的水分，

图3-23　做纬线

拿包穗子布把穗子包住，捆在绑穗子棍上。把从穗脐中带出的线头放到梭子底部的小孔中，对着孔吸一口气就把线头吸了出来，放上梭挡就可以使用了。拍穗子也不能拍多了，多了用不完，会自然风干，这样的穗子不好用，而且和正常线穗的颜色不一样。如图3-24所示。

图3-24　做穗子纬线

（十八）织布前的其他准备工作

织布前的其他准备还有制作综线、综、绑穗子棍、包穗子布、梭子挡棍、穗脐、点杼刀、档杼板、幅杖等，都需要织布人自己完成。虽然这些不是主要程序，但是少一样也不能织布，所以织布的准备过程不仅仅是以上这些。

综线的制作　综线制作可分为纺线、合线、上浆、抻线、上蜡等。

综线制作所用的工具有纺车上浆时用的炉火盆及络子、筷子、灯等。

按照老人说，综线有五根全心和七根全心，也就是说综线一般由五根或七根线组成。先纺线，要把线纺得很细。纺够一定数量的线就合线，把线合成五根或七根。合好线后给线上浆，这次上浆与经线上浆大体相同，不同的是这次的浆要比上次稀，但也不能太稀。合好的线要在浆中浸泡一段时间使其内外充分着浆，捞出拧干稍微晾晒，不能晾得太干。把线绕到络子上抻线，抻线也很关键，拿筷子插入线和络子中用力抻，要抻几遍才行，抻的线不再有弹力，抻好后就上蜡。蜡是在养蜂人处买的蜜蜡。剪一小块布，布的大小以夹住线、手捏着方便为宜。在布上弄点蜜蜡放在灯上烤，使蜜蜡融化在布上，趁热夹住抻好的线，拽线。这样放蜡、烤布、夹线、拽线，周而复始，使线均匀着蜡，直到把线弄完，综线制作完成就可以做综了。

做综 现在一般都用钢丝综，就不用做综线和综了，也有直接买综线自己做综的。综有两页综和四页综。

做综要借助一个叫综板的工具，综板也都是自己做，综板是类似刀状的木板，宽的地方决定综的宽窄。准备一竹篾，长度根据要做的综来决定。先用综线打几个综结绑在竹篾一端，把带综线的竹篾放在综板宽处，系个综结，综线绕综板一圈再系个综结系在综蔑（竹篾）上，形成的这个综线圈叫综捆，注意要拽紧综线。根据要织布的布幅宽度也就是经线的根数决定系多少个综捆。一根经线一个综捆，一般要多做出几个综捆。半页综做好，从综板上取下放在做综架上，开始做另半页综，和上半页一样的做法，但做综捆时要穿过上半页综的对应综捆，直到做够和上半页综同样多的综捆为止，从做综架上取下。每个综蔑上绑上一根综棍，四页综的一页综就完成了。用同样方法做四个综就可以织四页综了。

两页综的上半页综和做四页综一样，做下半页综时要隔一个综捆系一个，也就是先系一、三、五、七、九奇数，系完后再系二、四、六、八、十偶数，系完后完成两页综中的一页。用同样的方法再系另一页就是两页综了。图3-25所示为做综场景。

图3-25　做综

（十九）织布

工具：织布机、织布梭。

材料：经线、纬线。

织布是把线变成布的最后环节。脚踩踏板，一踩一提使经线形成交叉口，在开口处穿过梭子带过纬线，把上次的纬线挡住，再把撑框使劲往后拽几下，使这次串过的纬线与上次串过的纬线紧密相连。这个过程也是很重要的，决定了成型后布表面的平整度和密度。为了使织好的布看起来平整，布幅平直，不打卷儿，要用幅杖把布撑起来。织一定距离后把成型的布卷在卷布轴上。图3-26所示为织布的场景。

图 3-26　织布

（二十）爞布

工具：缸、小碗、硫黄。

材料：织好的布。

爞布是把织好的布洗好晾至快干时成圈放在缸的四壁，中间没有布，在一个小碗里面放上硫黄，点着硫黄，把小碗放在缸的底部，把缸盖上，布放得要匀，不能太实，让硫黄烟能够均匀熏到，不然会把布爞花。多少布用多少硫黄有一定比例，爞布的作用是使布更白。

（二十一）锤布

工具：锤布石、棒槌。

材料：布。

锤布是按照一定规律把布叠好放在锤布石上，用棒槌敲打。如图3-27所示。

图 3-27　锤布

四、威县土布的特色工艺

1. 别花

土布（手织布）别花（织花）技术是土布纺织技艺中一种工序更繁杂、技艺要求更为高超、比较特殊的一种织造形式。使用四页综加辅助工具挑线棒，通过挑经、压经、别纬、通纬、断纬、别串纬线、换纬等方法，织出花鸟鱼虫和书法图案等。别花中有经起花和纬起花之分。图 3-28 所示为别花织造。

三页综别花与四页综别花的区别：三页综是纬起花，三页综所织出的作品更加细腻，底色更纯；四页综是两色提一色，底色也是两色，经纬同时起花。

图 3-29 所示为各类别花作品。

图3-28 别花织造

图3-29

图 3-29

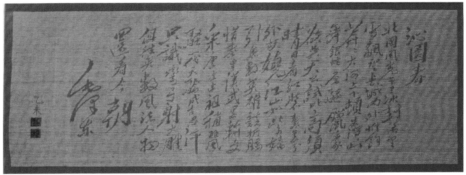

图3-29　别花作品

2.绞经

绞经是一种特殊的织造技法，使经线既上下交叉，又左右缠绕，形成部分镂空。绞经又分两绞、三绞、四绞。原来一般用于制作蚊帐或装饰品。绞经织物如图3-30和图3-31所示。

3.八宝流苏

八宝流苏是一把梭织两层。流苏处下层织成布，上层不织而呈流苏状，在流苏处穿一根纬线与部分经线相绞成8字状纹样，除流苏处以外上下左右都是单层布（图3-32）。

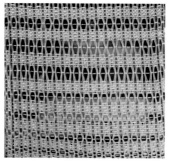
图 3-30 绞经试织（一）

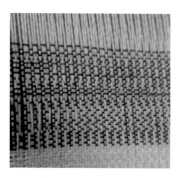
图 3-31 绞经试织（二）

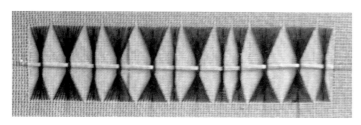
图 3-32 八宝流苏布

五、威县土布的代表性图案

　　威县土布的代表性图案集中体现在3幅不同时期的"长命富贵"织布上。第一幅作品为蓝色，是清朝时由邢氏（郭焕芝的外婆）所织（图3-33）。第二幅作品是黑色，是新中国成立初期由郭焕芝16岁时所织（图3-34）。第三幅作品是红色，为陈爱国所织（图3-35）。整个作品图案由"长命富贵"和"囍"五个大字及"云图""太子卧莲""鹿""喜事临门""蝴蝶莲花""石榴花"六个小图案组成。

　　"长命富贵"是出自《旧唐书·姚崇传》的一句吉祥语："经云：'求长命得长命，求富贵得富贵。'"是表示既长寿又富裕显贵的意思。

　　"囍"在中国不只是一个汉字，而是一种吉祥如意的符号。它在某种意义上相当于图腾，有良好祝愿和理想追求的寓意。

053

第三章 薪火相承的土布织造技艺

图3-33 邢氏织于1897年的　　图3-34 郭焕芝织于1953　　图3-35 陈爱国织于2013年的
《长命富贵图》　　　　年的《长命富贵图》　　　　《长命富贵图》

　　"云"与运同音异声，如以蝙蝠飞舞于云中的纹样称为福运，"祥云瑞日""青云得路"更是吉祥和谐的象征，祥云结比喻祥云绵绵、瑞气滔滔。

　　"鹿"与"禄"同音，常用来表示"禄"。"禄"原为福气的意思，后来指升官。现代含义的"禄"扩大到考试、晋级等方面。鹿在古代被视为神物，认为鹿能给人们带来吉祥幸福和长寿，那些长寿神就是骑着梅花鹿。鹿还被人们视为长寿的仙兽和帝位的象征。鹿这种动物在中国传统文化中始终占有一席之地，屡屡出现在民俗、绘画、器皿、建筑及史籍中。

"喜事临门"描绘喜鹊飞临家门。中国民间将喜鹊作为吉祥的象征。关于它有很多优美的神话传说，传说喜鹊能报喜。每年七月初七这一天，喜鹊不见踪影，都飞上天河搭桥去了，让牛郎织女相会。画鹊兆喜的风俗在中国民间大为流行，此处图案寓意喜事到来，表明人与自然的和谐相处。

"蝴蝶"，蝶与耋字谐音，意思是年老长寿，"七十曰耄，八十曰耋，百年曰期颐。"在中国传统文化中常把双飞的蝴蝶作为自由恋爱的象征，中国一直流传着梁祝化蝶的千古蝶恋，宝钗扑蝶的生动故事，庄周梦蝶的美妙传说。

"莲花"，又名荷花，圣洁高雅，乃花之君子，是唯一花果种子并存的植物，寓意人寿年丰，长幼和睦，《爱莲说》赞美莲"中通外直，不蔓不枝，出淤泥而不染，濯清涟而不妖"的高尚品格，历来为古往今来诗人墨客歌咏绘画的题材之一。"蝴蝶莲花"寓意幸福连年。

"石榴"在中国民俗文化中被视为吉祥果，石榴里面一般有六个子室，每个子室都藏有许多种子，所以延伸出"子孙后代繁衍兴旺，事业后继有人"的意思。石榴花火红艳丽，石榴果饱满圆润，石榴籽晶莹剔透，春华而秋实，很吻合中国人大红喜庆、祈求丰产丰收、阖家平安的心理愿望，从而赋予石榴以红红火火、兴旺发达、繁荣昌盛、和睦和谐、幸福美满等吉祥的象征意义。

把所有的图案放到一起，这其中蕴藏着的含义就是：连生贵子，喜事临门，福禄长寿，金玉满堂。

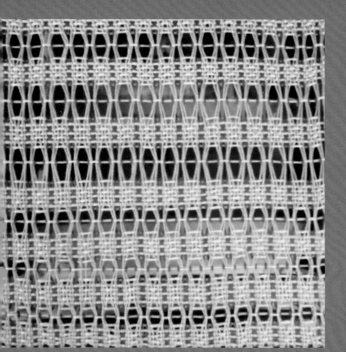
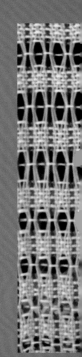

第四章

异彩夺目的
土布花样呈现

一、威县土布的纹样特点

1. 纹样的复杂多样性

一块布的色彩花型的选择取决于人们的审美与使用功能，手织布有它自己的纹样。威县土布纹样之多、花型之复杂是难以想象的，现在织布一般用14铁（方言）杼，每铁40个杼孔，每个杼孔两根线，就是1120根线，每动一根线就是另一个花型，所用纬线的色彩不同也会出现不同的效果，还有三页综、四页综，加上辅助工具、留空杼眼、抽头、掏综顺序不同等因素，其纹样花型就更为复杂多样。在织机上挂综与挂踏板的顺序和蹬踏板的顺序不同也会产生不同的纹样。

2. 纹样的地域性

手织布从原理上是相同的，都是经纬交叉，经线上下交叉形成交叉点，横穿纬线使交叉不得复原，点与点、线与线相连，形成布面。不同点是工具外形、工具名称、细节处所使用的工具、色彩搭配、纹样、纹样名称和纹样寓意等。手织布的纹样虽然很多，但是有它的地域性特点，表现为色彩搭配、花型、花型的叫法和寓意等。较多用什么样的色彩可能跟气候、物产有很大关系。在没有化学染剂的时候大多用植物染料，就近取材是降低成本的最好办法，当地有什么植物出什么颜色，因此地域性限制了色彩的使用。如果你去了解手织布，就会发现一个很有意思的问题，地方不同，有时同样一个花型叫法也不同，内在故事也不同，它们的共同特点都是表现吉祥和对美好生活的追求。

手织布跟方言不知有没有关联，但从大的方面，你可以听出一个人的口音是山东、河南、上海还是北京等，是住在县城还是郊区，是郊区的城南、城北、城东还是城西。在村与村之间也有东乡西乡的口音之分，只要你对当地很熟悉就很容易辨别。三里不同乡，五里不同俗，在土布纹样上同样可以得到印证。它的分布和方言相同点是不按现在的行政区域划分，而是某种不规则形态，土布纹样朝这个方向走出几里可能就不同，朝另一个方向可能会走很远路程说法还是一致的，这可能与历史环境有关，比如江河、山川、历史行政区域、历史事件、人口迁移等。古代交通不便，河流山川阻碍了人们的交流。在漫长的生活中形成了地域文化差异，逐渐体现在生活日常的各个方面。

人口迁移还会把当地的文化、技术、信仰等带到另一个地方。我的家族从山东潍县迁至威县辛店，又迁至现在的东王目村，家谱上说是不堪重赋。现在很难理解就因为几里地，又没有山川、河流相隔，村与村又这么近，为什么区别就那大。后来看到县志上有一张威县明清时期的地图，从这张地图上明显可以看出，在威县版图中有部分村属于山东邱县，而东王母村又单独归南宫，从辛店村到东王母村是要跨省的，资料上说这叫飞地、插花地。地图上是东王母村而不是东王目村，也印证了原来叫东王母村的

图4-1　威县草楼村韩兰群织

说法。那个时期在威县还有好多村（大概30多个村）是山东插花地，有冠县的、临清的、邱县的，当时这都是山东的县，这也可能是威县土布与山东土布很是相似的原因。

3. 纹样的时代性

土布纹样不仅有它的地域特征还有它的时代性。图4-1所示是草楼村一位70多岁的老人年轻时手织的作品，上面织的字是"攻城不怕坚，攻书莫为难。科学有险阻，苦战

能过关"。这首诗是1977年为迎接全国科学大会，叶剑英写的题为《攻关》的诗。曾经是广大中学生的座右铭之一，激励中学生为振兴中华而刻苦学习，要不怕吃苦，不怕困难。只要坚持，失败了千次后总会成功。

一块布看起来不起眼，但它承载了当地的耳闻目染、教育审美、传承等文化信息，蕴藏着当地的民俗、信仰、科学技术，还包涵当地的美丽传说和农耕文化，体现了当地劳动人民对美好生活的渴望，对研究中国纺织技术的发展脉络有着重要作用。

二、关于土布纹样的趣事

在高庆海和陈爱国夫妇搜集纹样过程中有很多值得回味的趣事。有一次高庆海和陈爱国开车去办事，在路上看到一中年妇女骑着自行车，后边驮着用土布包袱包的柳条篮子。在威县这里这种配备是走亲戚，并且大多是为新生儿庆生才这样包。两人看上了这块土布，就商议怎么能要过来，就先跟着试试吧，不试怎么也得不到。两人赶上去并叫住了这位大姐，那大姐可能以为是坏人，虽然下车了，但很戒备，两人说明原委后，大姐说去走亲戚没包袱怎能成。两人说："有篮子到了就好吧。我们要也不是为别的，只为留下一个纹样。"在交谈中得知她也会织布，都是织布的，最终大姐答应把包袱布给了两人。整个过程时间不长，从看到，到心动，到行动，再到得到也就半小时左右。拿了那块布样高庆海和陈爱国夫妇的纹样库又多了一个。这件事已经过去几年了，两人现在还经常提起，有人来参观土布博物馆时，走到那块布前，夫妇俩偶尔也会像讲故事一样把这块布的来历讲给他们听。

高庆海和陈爱国夫妇开始对于这些东西的存放知识几乎没有，就挨着北墙叠放在北屋的炕上了，时间长了，夏天下雨墙潮了，布挨着墙也就受潮了，但是从墙上又看不出来，时间一长布沤坏了，发现时已有二十几块布样有不同程度的毁坏。后来两人找了很多方法才使得搜集的纹样布品得到了很好的保存。

三、威县土布纹样的种类

威县土布纹样很多，名称也很多，都很贴近生活，一般是用身边的植物或用品等取名，有的名称也很有时代气息。

不同的掏综顺序和不同的蹬踏板顺序形成不同纹样，有竹节、水、斗（斗又分三根线、四根线、五根线、七根线等）斜纹等，它们之间不同组合又形成不同的纹样。

1. 两页综纹样

两页综相对来说较简单，也就是使用两个综把经线分成两部分，开口织方块时用两把梭或多把梭。有时为织出特定纹样的布会在筘上作文章，有时需要抽头，比如席花。

（1）"菜瓜道"纹样。菜瓜道是条纹的一种，由于织出的条纹与菜瓜上纹路相似，就把这种类型的条纹称为"菜瓜道"，图4-2所示为"菜瓜道"纹样。

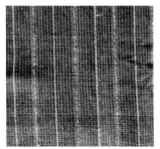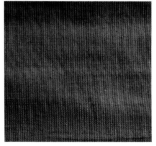

图4-2 "菜瓜道"纹样

（2）**"火车道"纹样**。两页综条纹的形状像火车道，有人说上面可以跑火车，因此这种类型的花纹被人们称为"火车道"，图4-3所示为"火车道"纹样。

（3）**条纹**。条纹布是平布的一种，一般采用两页综一把梭，也有四页综一把梭，但较少，经线用不同颜色的线，织成条状纹路的布，图4-4所示为条状纹样。

（4）**乱布纹样**。乱布是纹路没有规律的布，武汉叫鸡毛布。高庆海在武汉纺织大学传承人培训班上见到这种布感觉新奇，不知道怎么织的，回来后发现自家窗台上放着一块这样的布，就拿去问母亲这是什么布、怎么织的，母亲说很简单，就如织平布一样，织前先把不同颜色的线合到一起再织就是这个样子。乱布纹样如图4-5所示。

（5）**席花纹样**。席花种类很多，因其外形像芦席，所以得名"席花"。它的两种颜色经线掏综前需要抽头。席花纹样如图4-6所示。

图4-3 "火车道"纹样

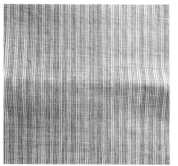

图4-4　条状纹样

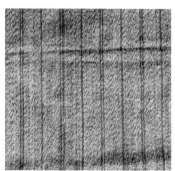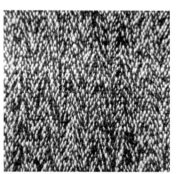

图4-5　乱布纹样

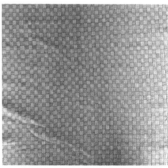

图4-6　席花纹样

第四章　异彩夺目的土布花样呈现

（6）**方块纹样**。方块布有两页综和四页综之分，多把梭织出。布纹形成大小不一的方形。与方格布的不同是方块布经线与纬线的颜色较多，且方形大小不一。像图4-7所示的这种方块布要用好几把梭子来织，也就是好几种颜色的纬线，这个是用四把梭织造。

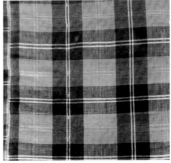

图4-7　方块纹样

（7）**方格纹样**。织方格布有两页综也有四页综。经线一般有两种颜色，一把梭，也就是一种颜色纬线，形成均匀的方形花纹。图4-8所示为方格纹样。

2. 三页综纹样

三页综是把经线分成三个层次，织成花纹的织法。挂综仍使用四页综机楼翻板，其中一个翻板上要使用配重才能完成。这种方法只是听说过，还没有见过实际的布样。

3. 四页综纹样

四页综是使用四个综把经线分成四部分，每两个一组，提起形成开口的织布方法，如第1、2页综上，第3、4页综下；第1、3页综上，第2、4页综下；第1、4页综上，第2、4页综下。四页综有它的专用机楼翻板，也有用轮轴的。四页综要有四个踏板控制提综。四页综中单组花型有竹节纹、水纹、斗纹（斗中又有四根线斗、五根线斗、七根线斗、十五根斗），如图4-9所示。

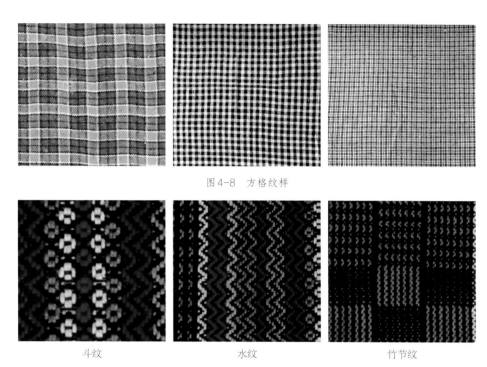

图4-8　方格纹样

斗纹　　　　　　　　　水纹　　　　　　　　竹节纹

图4-9　四页综纹样

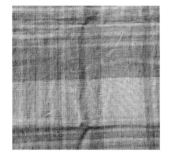

图4-10　石榴大开花纹样

（1）石榴大开花纹样。石榴大开花的纹样，经线有白、二红、大红、黄、绿几种颜色，经线有什么颜色纬线就有什么颜色。经线五种颜色纬线也需五把梭。小的花纹呈菱形，像石榴一样饱满多籽（多子），颜色也像渐变石榴籽的色泽。石榴寓意多子多福、家族兴旺、延绵不断、相互团结。图4-10所示为石榴大开花纹样。

（2）方桌面纹样。方桌面的种类很多，是颜色搭配不同，采用四页综，竹节掏法。如图4-11所示，每个花型的角上相邻有三个方点。三个方点半包两个方点，中间有一方形，犹如八人围坐八仙桌旁嬉闹，因此称为"八仙桌"。这个花型叫"十二美女闹相公"，也叫"十二美女转方桌"。常言首："织一蓬又一蓬，十二美女闹相公。"说的就是这个花型。

图4-11　方桌面纹样

（3）**王十工纹样**。四页综织成的这款布中，有一条是"王""十""工"几个字的循环，这款布称为王十工布。图4-12所示为王十工纹样。

（4）**拉链纹样**。拉链纹样由四页综织成，因花纹酷似合上的拉链，所以叫拉链纹，简称拉链。图4-13所示为拉链纹样。

图4-12　王十工纹样

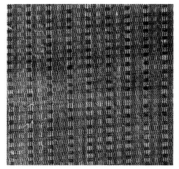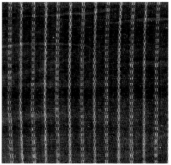

图4-13　拉链纹样

（5）狮子滚绣球纹样。狮子滚绣球纹样由四页综织成，方块大小不同，看上去像个球状。图4-14所示为狮子滚绣球纹样。

图4-14　狮子滚绣球纹样

（6）梅花纹样。梅花纹样由四页综织成，分体方块组成较抽象的梅花，如图4-15所示。

（7）节节草纹样。节节草寓意和睦相处、节节升高。节节草纹样要经过两次经线才能完成，先把一部分经线捆绑后扎染，染好后挂到经线概上，经另一部分线，如图4-16所示。

4.其他纹样

还有许多其他无法归类的纹样，如图4-17所示。

图4-15　梅花纹样

图4-16　节节草纹样

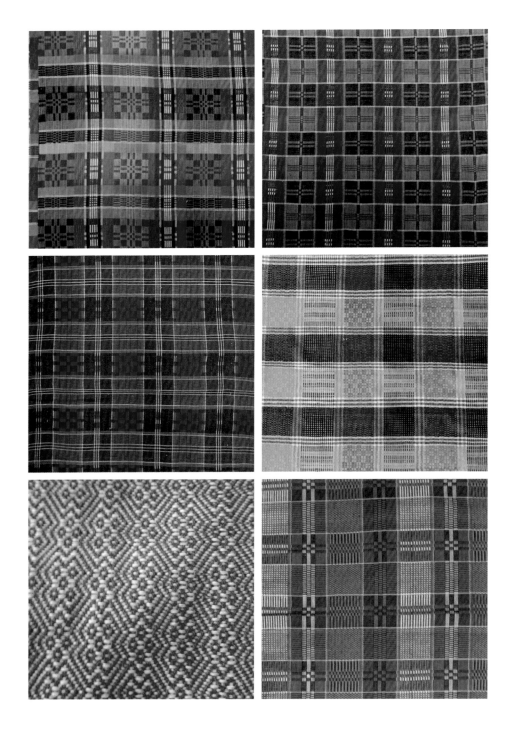

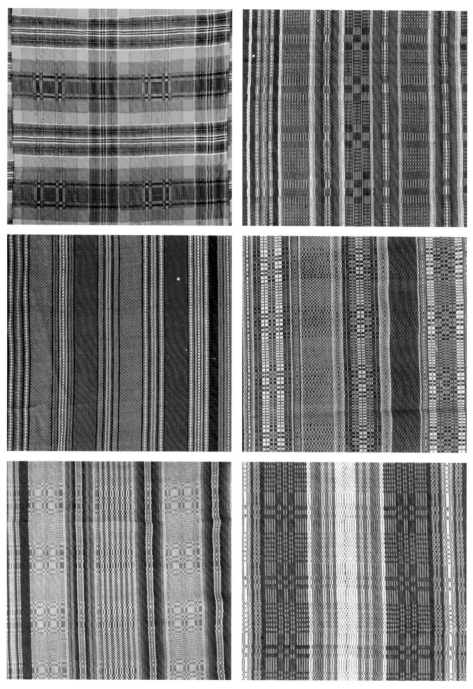

图 4-17

图 4-17

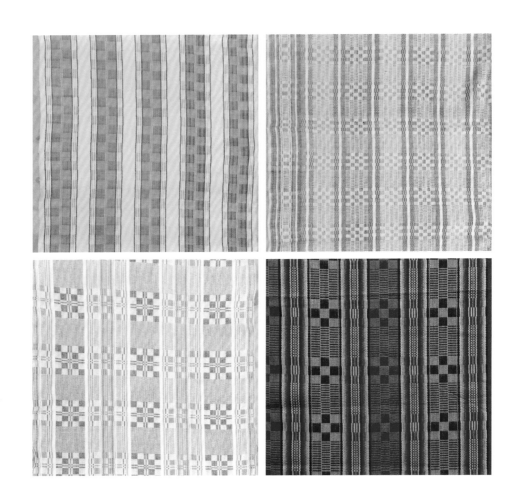

图 4-17　其他纹样

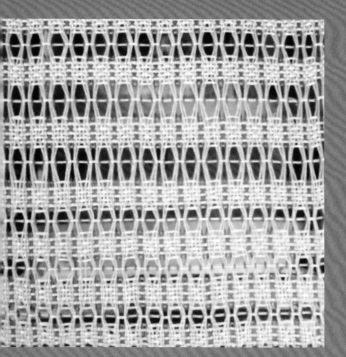

第五章

非遗传承人的

土布传承情结

一、威县土布的兴起

威县土布是几千年来男耕女织的威县人民世代沿用的一种纯棉手工纺织品。这种传统织布工艺在威县历史悠久，具有浓郁的乡土气息和鲜明的民族文化特色。在没有纺织机械的年代，威县人穿的土布衣，盖的土布被都是勤劳的威县妇女用原始的木质脚踏织布机，一梭一梭精心织造而成。

王母村是威县土布技艺传承较好的地区。按照威县地名志记载，王母村是因为村西有个王母娘娘庙而得名。据传说当年王母娘娘化身下凡来到此处，教会了当地人纺花织布，人们为了纪念她，为她修庙，因把庙建在了村西，所以这个村就命名为东王母村，后来把"母"字写成了"目"，在20世纪六七十年代，来往信件还是写东王母村的居多。

近年来，威县成为全国的产棉基地。威县政府重视非物质文化遗产的保护与传承，使威县的土布工艺得到进一步发展。王母村陈爱国和高庆海夫妇也成功入选为威县土布纺织技艺国家级代表性传承人（图5-1），建立在威县王目（母）村的威县老纺车粗布制品有限公司成为土布纺织技艺的重点保护单位。同时，威县还出现了"巧媳妇"等多家织造销售公司或个体。

图5-1　陈爱国和高庆海夫妇

二、威县土布纺织技艺当代传承人

1. 陈爱国

陈爱国，女，汉族，1970年出生于河北省威县，国家级非物质文化遗产保护项目（威县土布纺织技艺）国家级传承人，中国工艺美术学会会员，文化和旅游部"中国非遗传承人群研修研习培训计划"清华大学美术学院研修班第一期学员，文化和旅游部"中国非遗传承人群培训计划"天津工业大学研修班第一期学员。河北科技大学纺织服装学院非遗进校园导师，邢台市第十六届人民代表大会代表，邢台市第十四次妇女代表大会代表，威县第十届人民代表大会代表。

陈爱国自幼受母亲熏陶，热爱土布纺织技艺，1984年便掌握了土布纺织技艺的全部技术。婚后，利用婆婆郭焕芝是当地织布能人的有利条件，潜心钻研，与时俱进，积极参加高校非遗培训，多次走访民间艺人，把高校技术与民间技艺相结合，创新发展。使古老的印染和纺织技艺走进现代人的生活。陈爱国以传承民族文化、弘扬特色瑰宝为出发点，既继承传统又不拘泥于传统，敢于突破传统织法。融合母亲、婆婆以及其他老一辈纺织艺人的技艺特点，在不断的探索、钻研和实践中，摸索出了"衬样挑线法"，代替了"对样数线法"，提高了织布效率。其别花技艺堪称一绝，色彩交叉，织出的红花绿叶，图案更加美观、逼真，形成自己独特的风格。陈爱国为土布纺织技艺的保护和传播做出了积极贡献，受到过国家领导人和文化部领导等接见。央视科教频道、中国教育台、央视第七频道、河北电视台、《燕赵都市报》《北京商报》《邢台日报》等多家媒体曾对陈爱国进行采访、报道并播出。

2.高庆海

高庆海，男，汉族，1971年出生，大专文化，河北省威县人，国家级非物质文化遗产项目（威县土布纺织技艺）省级传承人，中国工艺美术学会会员，河北省民间文艺家协会会员，邢台市民间工艺美术大师，威县老纺车粗布制品有限公司的董事长。参加过清华大学、天津工业大学、武汉纺织大学、中南民族大学组织的非物质文化遗产传承人群培训班。

多年来，依托威县丰富优质的棉花资源，继承土布纺织手工技艺，在当地率先突破"小作坊"模式，探索规模化发展，并不断创新花型款式，使土布纺织这一传统民族瑰宝充满时代气息，重焕勃勃生机。

高庆海从1984年开始学习土布纺织技艺，利用其母亲是当地织布能人的有利条件，不断学习、潜心钻研，逐渐全面掌握了土布纺织技艺。多次走访民间艺人，挖掘民间染织技艺，复原古老染织纹样。积极参加高校学习，编写土布纺织技艺培训教材，举办培训班。主动开展非遗进校园、进图书馆等活动。搜集整理民间染织技艺、相关实物、谚语故事、纹样寓意等并编印成图书《威县土布》。尤其对土布纺织技艺工艺流程，通过多年实践以及与老艺人的交流沟通，做了详细记录并经过多次修改完善。为使更多人了解土布历史，弘扬传统文化，在东王目村建设土布博物馆、土布纺织传习所、土布纺织体验馆，为土布纺织技艺的保护和传播做出了积极贡献；为创造新产品，使老手艺走进现代人的生活奠定基础。

三、夫妻同心重振土布纺织技艺

（一）成立公司生产销售土布产品

陈爱国和高庆海夫妇的家就在东王目村，村里大部分人家中都有织布机，不少上了年纪的妇女从小就学习织布，手艺也比较娴熟。在2006年两人成立了老纺车布艺门市，将这些手艺人组织起来纺织老土布，既能传承千年手艺，又能靠手艺补贴家用。成立初期两人到处收购老旧织布机，并制作新织布机。后来老土布的知名度越来越高，夫妇俩一方面思考扩大规模再生产，另一方面愿意把自己掌握的祖先流传下来的纺织技艺让更多的人知道。便在2009年注册了威县老纺车粗布织品有限公司。2010年6月，在参加首届中国农民艺术节展演时受到一位教授的启发，公司用县志上所记载的"王母村"注册了商标。公司同时被当地政府认定为老粗布工艺传承基地，并进行重点保护和支持。公司致力于"紧扣都市生活，崇尚自然，返璞归真"的时尚理念，紧跟行业流行趋势，崇尚个性化、多元化搭配而又不失经典的着装理念和服饰文化，倾情塑造端庄、优雅的美好形象。经过几年的苦心经营，逐步发展成全县乃至全市土布制品行业的龙头企业。

公司采用"公司＋农户"的模式，得到了当地政府的大力支持，带动当地农民走上发家致富的道路。"王母村"风格和发展潜力已得到业界人士的广泛认同，在全国各级客户中拥有良好的口碑和美誉度。

1.在企业文化方面

企业宗旨：行善做人、心诚织布。

企业精神：传统是宝，诚信是金，创新是财，质量是命。

企业理念：秉承民族传统纺织技艺，携手现代设计理念。

企业目标：开拓进取，走向世界。

企业特色：千变万化，巧夺天工，手工织造，灿然夺目。

企业标语：五千年的穿梭，五千年的美丽，五千年风风雨雨。最终还是手织布，感受大自然，感受历史变迁。携手互助，共同发展。

2. 在制作产品方面

公司产品分为床上用品、家居服饰、养生布鞋、时尚布包、婴儿用品、工艺品六大系列。

（1）床上用品有三件套、四件套，精致旅行被、夏凉被等系列，如图5-2~图5-5所示。

图5-2　旅行被

图5-3　夏凉被

图5-4　床品三件套（条纹）

图5-5　床品三件套（方桌面纹样）

（2）家居服饰有男/女式衬衣、睡衣、唐装、旗袍、汉服等系列，如图5-6～图5-8所示。

（3）养生布鞋有纳底（千层底）松紧口布鞋、纳底（千层底）圆口布鞋、假布鞋等。

（4）时尚布包有口袋包、手提包、肩挎包等，如图5-9所示。

（5）婴儿用品有儿童布鞋、儿童虎头鞋、儿童虎头枕、儿童肚兜、宝宝套装等产品，如图5-10、图5-11所示

（6）工艺品有扎染围巾、布艺花瓶、土布别花、十二生肖、书法字画等系列，如图5-12～图5-14所示。

图5-6　唐装上衣

图5-7　唐装大褂

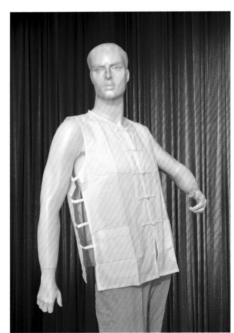

图5-8　唐装汗衫

图 5-9　时尚包

图 5-10　虎头枕

图 5-11　虎头帽

图 5-12　扎染围巾

图5-13　布艺花瓶

图5-14　别花作品

（二）不断深造，提高自身技艺水平

为了提高非遗传承人的传承和研发能力，促进非物质文化遗产融入现代生活。2015年，文化部、教育部等部门在全国启动"中国非遗传承人群研修研习培训计划"。河北省非遗中心推荐威县土布纺织技艺传承人陈爱国等非遗项目传承人到清华美院进行为期一个半月的研修学习。在陈爱国眼里，一个农民，能到国家最高学府学习，这是连做梦都不敢想的一件事。在研修研习培训班上，陈爱国与20位学员一起度过了一段难忘的时光，学完"织染绣"课程后，陈爱国又被安排学习"植物染"，也正是这一次"开小灶"，高庆海和陈爱国又开始在老粗布上尝试植物染，染出环保的纺线。

"老粗布纺织在很多地方都有，威县老粗布怎么才能脱颖而出，必须要靠创新。"陈爱国说。以传统纺织技艺为基础，不断汇集刺绣、绘画、书法等多种工艺，把纺织别花技艺由"对样数线法"提升到"称样挑线法"，将纺织别花技艺由单一色彩增加到色彩多样，从视觉上变得更加美观、逼真。图案表现在纺织技艺上，显得更加灵动多样，变化多端，有别于传统纺织技艺只是在结构上的差异。

传统的纺织技艺常常采用"通经通纬"的方式，纬线从头到尾全部贯穿在经线中，通过纬线在经线间穿插呈现花色。而多色别花技艺在织造中纬线并非一贯到底，而是根据图案的轮廓或色彩变化，在一个个限定的局部往复穿行，当同一纬线抵达相同色块儿的边缘就掉头折回。高庆海和陈爱国夫妇创新出"通经断纬"的织造方法，以最简单的组织结构，处理非常复杂的图案。

不仅如此，为了使其在千家万户的日常生活中得到体现和传承，他们把土布做成了各种生活用品，如服饰、背包、时尚挂件等，广受消费者欢迎。

（三）传承推广，成立技艺传习所

要守住威县土布纺织技艺并非易事，老土布技艺正遭遇传承难的困局。

首先，老土布的织造工艺极其复杂，技术、技巧主要靠长辈传授和互相借鉴学习，又没有文字书面教材。在织布过程中非常辛苦，如果坐在织布机前连续操作超过1小时，胳膊、腰就会发酸，甚至浑身疼，就连熟练工也不敢连续工作超过2小时。正是因为织老粗布辛苦，十分考验人的耐性，现在年轻人几乎都不能坚持。现在跟着他们的织工里，年纪最大的70多岁，最小的也有50多岁。

其次，老土布纺织工具的不断缺失，是威县老土布纺织工艺面临的另外一个传承困局。在老粗布被挤出历史舞台的几十年里，民间会做手工布艺的人已经越来越少，很多的纺织工具被丢弃和毁坏，有些甚至被当成柴火烧掉。

为了让更多的人了解威县的纺织历史，了解威县老土布，高庆海和陈爱国夫妇把自己的老宅改建成传习所。传习所面积600多平方米，内设土布纺织技艺展厅、土布纺织技艺体验厅、农垦文化展厅、培训室、研发室、染房、绣房、织房等。其中土布纺织技艺展厅面积240平方米，通过文字、图案、音像、实物展示了从轧花到成布的整个工艺流程，包括威县土布印染产品、手织布、枕顶、包袱带等早期产品；土布纺织的谜语、谚语、歇后语；相关报纸书籍、重大活动和获奖情况介绍等。观众既可以参观学习也可以现场操作、体验。特别是对青少年儿童，通过体验，增加学习乐趣，在乐趣中感受到非遗的独特性和多样性，激发青少年儿童学习传统文化的热情。

威县土布纺织技艺传习所是集威县土布纺织技艺展示、体验、培训、交流、创新于一体的场所，实行免费参观、免费培训。人们在这里近距离感受非遗、了解非遗、体验非遗文化魅力，为弘扬和传承优秀传统文化、推动非遗传承发展成果共享、振兴乡村发挥着积极作用。图5-15所示为威县土布纺织技艺传习所场景。

图5-15

图5-15 威县土布纺织技艺传习所场景

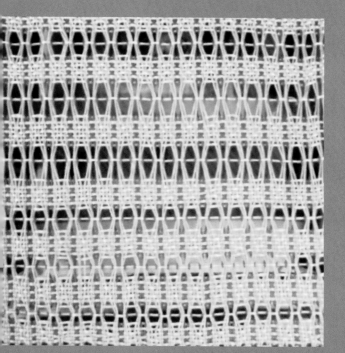

第六章

再造辉煌的

土布艺术创新

一、威县土布传承创新中的变与不变

河北省非遗保护中心孟贵同志在与陈爱国和高庆海夫妇进行技艺调研交流的基础上，总结出威县土布纺织技艺一些不曾改变的传承坚守和与时俱进的开拓创新。

1. 不曾改变的方面

一是原材料采用纯棉线没有改变，生产流程没有改变。棉"纺织"实为"纺"和"织"两个阶段，"纺"即把棉纤维加工成为棉纱、棉线的过程，"织"即是将棉线织成布匹的过程。现在还是要经过大大小小72道工序，生产出来的还是地地道道的老粗布。

二是手工织布的工作形式没有改变。还是采用传统的织布机，纯手工一线一线织就，每一根线都凝结着劳动者的辛勤劳作。

三是技艺传承方式没有变。高庆海、陈爱国夫妇以自己创建的威县老纺车粗布制品有限公司为平台，仍然采用以师带徒的形式，把花、鸟、鱼、虫、汉字等上百种花色图案的纺织绝技通过口传心授传授技艺，使这一纺织技艺得以更好地保护和传承。

2. 改变的方面

一是生产流程的分化、专一化。传统的棉纺织是从"纺"到"织"全部是一家一户自己干。现在这里的生产方式是"纺"与"织"分开，老土布有限公司将"纺"等繁复准备工作另行完成，使织布者的身份专一化。由公司负责提供纺好的线，提供技术支持，织布者根据自己的时间自由安排织布，成品由公司统一收购，各织户只负责"织"。这一工序上的分工大大减少了时间成本，简化了劳动的繁重程度和难度。在统一纺线的基础上织出来的布也有了基本的质量保障。

二是生产技术的改进。威县土布在继承原有经验的基础上，广泛借鉴其他地方的纺织经验，土布纺织别花技术由"对样数线法"提升到"称样挑线法"，还将土布纺织别花技术由单一色彩发展为色彩多样。技艺的提升也为开发出更多形式的产品奠定了技术基础。

三是产品形式的改变。传统的棉布多自用，重实用，使用形式有衣服、床单、被单、门帘等。现在的床单、衬衫等传统产品也注重与时俱进，不再仅以"土"为美，而是更加注重穿着舒适、剪裁得当、色彩多样、款式新颖，因此，开发了多个系列的新产品，如手链、耳坠等布艺首饰，健康腰枕、健康耳枕、夏凉被、旅行被等新型实用品，布艺小动物、布老虎、吉祥物等装饰挂件，布织的书法、绘画图案等装裱后的卷轴作品等，为消费者营造更加宽裕的选择空间。

二、陈爱国、高庆海部分研讨会发言

（一）2019年恭王府探索学术研讨会上的发言（高庆海）

在这里首先感谢主办方和武汉纺织大学组织了这次研讨会。在我所知道的关于土布纺织技艺保护发展的研讨会中这是规格最高的，能参加这么高规格的研讨会，说明在主办方和武汉纺织大学的共同努力下，把我们土布纺织技艺的保护和发展推向新的高度，同时也把我们的土布提高了档次。土布原来在农村家家户户都在织，自家织自家用，手巧的人会织的花样多，一般人会织的花样少，在人们深深的记忆里，它本身是低端产品，是日常生活不可缺少的必需品。

在当今机械布的冲击下，手工布再难以维持。这里就不再说手工布的环保、温暖、情怀等好处，当前也有好多人还是这么认为，在展会上当别人说起时，我总是以现在人工费每天多少、多长时间织一匹布来说明。如何让手工布继续在市场中发挥作用，怎么去解决这个问题，我从一个手艺人的角度是这样想的：作为手艺人，应当去了解一些机械的功能，看看机械能织出什么布，不能织出什么布，手工能做什么不能做什么，把自己手艺达到极致，再剑走偏锋做些别人做不了的去得到认可。

威县土布纺织技艺是国家级非遗项目，目前，已被列入第一批国家级振兴传统工艺目录，我前天从成都参加第四期国家级代表性非遗传承人培训班回来，今天在咱们恭王府参加论坛，我之前在清华美院、武汉纺织大学参加非遗研修研习培训班都有很大收获。能够参加这些如此高规格的活动得益于国家的政策，要感谢党和政府。在第四期国家级非遗传承人培训会上胡雁胡司长给我们讲了传承人的权利和义务，陈司长的课成了为传承人解决问题和答疑解惑的座谈。从这些可以看出国家对非遗传承人的重视，让我们做好非遗传承，提升文化自信。

关于创新，不是一个新问题，在历史上就有"变"，只有"变"才有发展，没有什么是一成不变的。作为一个手艺人，我不敢将自己称为匠人，因为感觉还没有达到"匠"的高度。

我是这么认为的：你要了解你所从事的行业的历史、文化和手艺高度，以及你所做的手艺的高度，也就是说，你要知道你所做的手艺，别说做精，你会多少，如果说你会的很少，干脆你还是继续学习与锻炼，别想创新问题，你创新也是没有根据的创新，成功的机会太渺茫，也可以说是瞎创新。如果你了解了你的手艺的历史高度和你所会的手艺多少，再去决定如何创新，是有基础的创新，是能够创出精品的，哪怕是复制复原精品，做好它也是精品，你所创作的也将成为经典。并不是经典就不时尚，现在有很多经典依然在时尚中出风头。

无论是什么作品，即使一些日用品，它也承载着它的文化符号，就拿我们织的布来说吧，早些年有一电视台采访时问我，南方有织粗布的，北方也有织粗布的，有什么不同？当时我想都是经纬交叉，无非纹样不同，也没有什么区别。随着对手工艺认识程度的加深，理解到他们不仅是技艺手法不同，所承载的文化符号也不同，不同的地域有着不同的风俗，所承载的文化不同。在我了解当地的土布纹样和配色时，了解到它不是按行政区域，也不是或圆或方的分布，而是成某个带状分布，这可能是由某些历史原因所造成，也验证了一句老话"三里不同乡，五里不通俗"的说法。为此，我搜集了部分关于染织的谜语、谚语、顺口溜作为土布文化的补充，还建了一个小型土布博物馆来让更多人了解土布文化。布是有文化的，布是会说话的。最后我想说的一句话是："经纬牵手，布会说话。"

（二）2015年清华研修研习培训班毕业感言（高庆海）

这段时间，是我人生中一段可贵的体验。在这里，要对教授们、导师们以及各位同学说声感谢！真心感谢你们的教导、帮助、陪伴和付出，谢谢！

经过一个月多的时间，我们学习了知识，结交了朋友，收获了感动！参观了故宫，体验了大学生实验室等。通过课堂认真听讲、课后研习以及研讨交流，使我自己各方面的能力都有了一定的提高，视野得以宽阔，创新能力得以提升，这些将使我终身受益。我会把所学的知识及技能应用于今后的作品创作中，让我的作品有品位、有内涵。

我以一个学子的感恩之心，为同学祈福，为各位传承人加油。

（三）2015年在清华研修研习培训班的介绍发言（陈爱国）

我来自威县，河北省东南部。威县是暖温带大陆性半干旱季风气候，四季分明，适宜棉花的种植生长，棉花的种植具有悠久的历史，素有"冀南棉海"之美誉。中国纺织文化源远流长，在机织布出现之前，老土布的发展历史就是一部中国纺织史。

早在新石器时代，大汶河遗址就有"纺纶"出土。商周时期诞生了木质纺织工具——腰机。汉代出现斜梁机，被视为当时世界上最先进的织机，这个时期老土布甚至晋身为特殊的贡品，成为宫廷御用之物。宋末元初，棉花的种植向内地推广，元朝的黄道婆开始推广"捍弹纺织"，她发明的脚踏三锭纺车提高了纺线效率，棉纺织技术发展迅速，人们已将多种手法揉于棉纺织工艺中，使土布织造技术趋于成熟。到了清代鸦片战争以后，"洋布"销入中国，从而使中国手工棉织业完全趋于破灭边缘。

现在，随着人们崇尚自然、返璞归真的意识的增强，老土布又逐步兴起。威县土布纺织技艺现已列入国家级非物质文化遗产项目名录。威县土布纺织技艺元末明初传入威州（今河北威县）距今已有700年的历史。由于纺织与农民生活息息相关，同时受自给自足观念的影响，纺织技术、技巧通过家传，农民相互帮助借鉴来传播，虽然没有严格的师承关系，没有文字记录和书面教材，其技术仍然广为普及。

我们那里有500台织布机，织布一般都是年纪比较大的邻里乡亲在农闲时间从事的副业，但是现代的年轻人不愿意从事这个活计。织布机的工序是这样的：第一步，纺线，这是一项注重身体协调性的技艺流程，左手要轻轻地拽着提前搓好的布绩，右手匀速摇动纺轮，纺出线供织布使用；第二步，染，从植物中提取色素染线，符合现代人的环保、可持续发展理念；第三步，上浆，使用小麦面粉，无污染，使线不粘连、有韧性；第四步，由经线决定织布的长度，也是决定纹样的一个环节；第五步，刷，目的是使线松紧均匀；第六步，掏综，掏综也是织什么花型的一个重要环节；第七步，织，采用木制织机手工投梭；第八步，布的整理，在这八步中又有好多小工序，大大小小70多道，非常烦琐，但能织出千变万化的精美土布。

三、威县土布纺织技艺发展大事记

2007年，威县土布纺织技艺列入第一批市级非物质文化遗产名录。

2009年，威县土布纺织技艺列入第三批省级非物质文化遗产名录；参加河北省第二届民俗文化节获得突出贡献证书，技艺编入《燕赵手艺》一书。

2010年，获首届中国农民艺术节优秀农业非物质文化遗产优秀项目（图6-1），陈爱国和高庆海夫妇的手织布工艺品和木制织机被中国农业博物馆永久性收藏（图6-2）。

图6-1 优秀农业非物质文化遗产优秀项目

图6-2 木制织机收藏证书

2011年，陈爱国和高庆海夫妇受邀参加第三届中国成都国际非物质文化遗产节。

2012年，陈爱国作品在中国（黄山）非物质文化遗产传统技艺大展中获银奖（图6-3）。

2013年，两人创办的公司成为河北省第一批非物质文化遗产生产性保护示范基地（图6-4）。

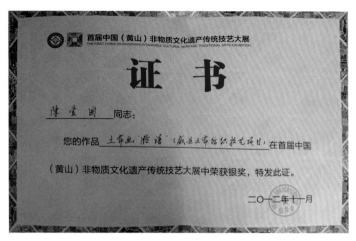

图6-3 土布画"脸谱"在首届中国（黄山）非物质文化遗产传统技艺大
展中获银奖

图6-4 两人创办的公司成为河北省非物质文化遗产生产性保护示范基地

2014年，陈爱国获得邢台市五一劳动奖章（图6-5）。

2014年11月，威县土布纺织技艺列入国家级非物质文化遗产名录。

2015年，高庆海被授予第四批省级非物质文化遗产代表性项目的省级传承人（图6-6）。

图6-5 陈爱国获得邢台市五一劳动奖章

2014年，陈爱国和高庆海夫妇作品《寿》荣获第八届中国（合肥）国际文博会暨中国工艺美术精品博览会优秀作品银奖。

2015年，陈爱国和高庆海夫妇作品《长命富贵》荣获第九届中国（合肥）国际文博会暨中国工艺美术精品博览会优秀作品金奖（图6-7）。

图6-6　高庆海被授予省级传承人

图6-7　作品《长命富贵》获金奖

2017年，高庆海获得邢台民间工艺美术大师称号（图6-8）。

2018年1月，陈爱国被河北科技大学纺织服装学院聘任为国家级非遗项目"威县土布纺织技艺"进校园导师。

2018年5月，陈爱国被认定为国家级非物质文化遗产代表性项目"传统棉纺织技艺（威县土布纺织技艺）"的代表性传承人（图6-9）。

图6-8　高庆海获得邢台民间工艺美术大师称号

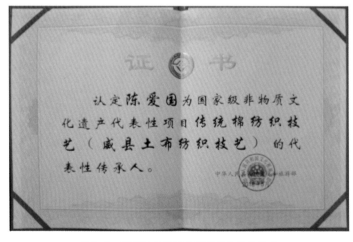

图6-9　陈爱国被认定为国家级非遗传承人

2018年5月，威县土布纺织技艺被文化和旅游部、工业和信息化部评定为第一批国家传统工艺振兴项目。

2018年8月，陈爱国在第四届河北省七夕情侣节"寻找今日织女星"活动中被评为"巧女星"。

2018年12月，陈爱国入选2018年度文化传承传播类"燕赵文化之星工程"名单（图6-10）。

图6-10　陈爱国被评定为2018年度燕赵文化之星

2018年12月，陈爱国作品《都乐丰收》获得2018年第六届河北省工艺美术精品优秀奖。

2019年1月，高庆海、陈爱国被中国传统文化促进会华夏文化遗产保护中心聘为顾问。

2019年5月，陈爱国和高庆海夫妇参加第十二届河北民俗文化节，并在河北省博物院进行作品展示。

2020年9月，中央广播电视总台社会与法频道《好物合作社》栏目组以"聚焦中国好物、助力脱贫攻坚"为主题走进威县，以直播的方式将威县土布作为威县好物向观众进行了展示。

2020年6月，《河北经济日报》以《"河北战贫图志"威县东王目村：巧手织出好光景》为题整版报道。

2020年11月，陈爱国和高庆海夫妇参加上海进博会，《人民日报》《光明日报》、新华社等媒体予以报道。

附件：土布纺织相关的谚语、歇后语、顺口溜

一、谚语

1. 收花不收花，单看正月二十八。

2. 冬看果木春看瓜，五月十五看棉花。

3. 正月二十八无风雪，家家户户备棉车。

4. 花见花，四十八。

5. 转转茬口，多收一斗。

6. 茬口不换，丰年变欠。

7. 小满种棉不到家。

8. 清明花，大车拉。谷雨花，大把抓。小满花，不归家。

9. 棉花最晚，不到小满。

10. 千年万年，处暑见棉。

11. 谷雨前，好种棉。

12. 枣芽发，种棉花。

13. 枣芽冒疙瘩，开始种棉花。

14. 枣芽发，好种花。枣芽冒一寸，种棉不用问。

15. 椿芽一大把，赶快种棉花。

16. 荷叶铜钱，下地种棉。

17. 柳绒落，种棉准不错。

18. 生地瓜，熟地花。

19. 生地芝麻茄子熟地花。

20. 老茬种花用车拉，老茬种棉结白莲。

21. 麦茬黍，黍茬麦，老茬棉花开不败。

22. 花地花，麻地麻，芝麻不宜种重茬。

23. 棉花望天出。

24. 稀油密麦，棉花一尺。

25. 棉花行里睡老牛。

26. 雨种豆子晴种棉，种菜最好连阴天。

27. 草夹苗，不长苗。苗接苗，不结桃。

28. 苗期轻施，蕾期稳施。

29. 干锄黍，湿锄麻，下雨过后锄棉花。

30. 棉锄七道白如银。棉花锄得嫩，抵得上道粪。

31. 雨后勤锄地，花蕾不落地。

32. 豆锄三遍响叮当，棉锄九遍似白霜。

33. 棉花不打杈，光长柴禾架。

34. 棉花伸开拳，一棵摘一篮。

35. 早霜伤苗，晚霜伤桃。

36. 棉花立了秋，大小一齐揪。

37. 麦连十年没几颗，棉连十年无花朵。

38. 六月十五见幌花，七月十五见白花。

39. 棉花入伏，一天一锄。

40. 棉花立了秋，便把头来揪。

41. 雾露小雨锄芝麻，炎天火热摘棉花。

二、歇后语

1. 染坊的老板——好色。

2. 染布不均——料不到。

3. 瞎子染布——不知深浅。

4. 清水衙门——一尘不染。

5. 江边开染房——大摆布。

6. 白布进染缸——洗不清。

7. 染坊里卖布——多管闲事。

8. 染坊里的姑娘——变了色。

9. 染坊的常客——好色之徒。

10. 清水染白布——空过一场。

11. 阎王殿里开染房——色鬼。

12. 染缸里的珍珠——上不了色。

13. 染缸里的衣服——变他本色。

14. 染房里的衣料——任人摆布。

15. 染房里吹笛子——有声有色。

16. 一个染缸里的布——一色货。

17. 染匠下河——大摆布。

18. 染坊里拜师傅——好色之徒。

19. 靛蓝染白布——一物降一物。

20. 号筒里塞棉花——吹不响（吹不得）。

21. 半天云里抛棉花——肯定落空。

22. 棒槌弹棉花——乱谈（弹）。

23. 背着棉花过河——负担越来越重。

24. 秋天的木棉花——老来红。

25. 冰雹砸了棉花棵子——尽光棍。

26. 耳朵里塞棉花——装样（羊）；装聋作哑。

27. 二两棉花——弹（谈）不上。

28. 滚水锅里捞出的棉花——熟套子。

29. 口含棉花——说得轻巧。

30. 蒺藜上弹棉花——越整越乱。

31. 脚踩棉花堆——不踏实；腾云驾雾。

32. 挑着棉花过刺笆林——东拉西扯（七勾八扯）。

33. 挑着棉花过刺林——走一步，挂一点。

34. 新棉花网被絮——软胎子。

35. 竹筒子里塞棉花——空虚。

36. 青石板上晒棉花——有软有硬。

三、顺口溜

（一）

棉花种儿

灰儿里拌

撒到地理锄三遍

打花心

捏花盘

开了花

老妈儿拾

老头儿担

担到家里好晴天

院里晒

屋里捡

轧车轧

弓儿弹

搓了布绩纺线线

打车打

锅里转

走出千金彩身变

绕车绕

圈里钻

经布娘娘来往走

刷布娘娘手不闲

两边有人管着咱

梭儿跑

幅帐搒

一片彩云在眼前

（二）

半夜三更织卖布

一天织好一匹布

日常开销有着落

柴米油盐苦寒度

（三）

棉花街里白漫漫

谁把孤弦竟日弹

弹到落花流水处

满身风雪不知寒

（四）

砰砰砰，砰砰砰

弹花不是好营生

脊梁后边捆吊竿

右手打槌左握弓

弯腰弓脊何时了

干屎渣子磨半升

替人弹花为饭碗

哪顾腰酸胳膊痛

（五）

吃馋了

歇懒了

花车子搁散了

（六）

纺花车子是条龙

一年不拧就变穷

（七）

弓弓弹弓弓弹

腚沟夹个柳杠椽

（八）

小柏社的锭子

高公庄的车子

捅捅四两摸摸半斤

不捅不摸还是十二两。

（小柏社、高公庄为村名）

（九）

棉改夹

夹改单

大人不穿小孩穿。

（十）

织衣织裤

贵在开头

编筐编篓

贵在收口

（十一）

凑针打把斧

凑线织匹布

（十二）

做个袄

辈辈好

做个裤

辈辈富

（十三）

吃饭要吃家常饭

穿衣还是土布衣

（十四）

寒天不冻勤织女

荒年不饿苦耕人。

（十五）

领不让分

衣不让寸。

（十六）

一层布

一层风

十层布

能过冬

（十七）

彩云天上转

地上锄八遍

（十八）

开的花黄灿灿

结的桃连成串

（十九）

棉花开了一大片

包里装篮里填

担子压得颤又颤

（二十）

年年轧花蹬脚板

年年弹花拨弓弦

年年搓花手心转

年年纺花锭子尖

年年拐线似耍拳

年年缠线吐噜噜转

年年浆线打秋千

年年络线旋风圆

年年经布跑马杆

年年织布像坐监

织成布做成衣

看俺穿上新鲜不新鲜

（二十一）

轧车轧，弹弓弹

弹花娘娘拉弓弦

纺花娘娘摇车转

络线娘娘瞪着眼

经线娘娘来回走

刷线娘娘手不闲

织布娘娘穿梭过

捶布娘娘上下扇

（二十二）

棉花籽，清水拌

种到地里锄八遍

打花尖，掰花杈

扎着包袱来拾棉

房上晒，地上拣

轧车轧，弹弓弹

搓的布絮细又软

纺的穗子圆又圆

拐子拐，络子缠

扯线经布来回扇

掏好综，把杼点

枣木梭子来回穿

织成布，剪子剪

穿针引线缝又连

做好新衣身上穿

夏遮烈日冬挡寒

（二十三）

弹棉花

弹棉花

半斤棉弹成八两八

檀木榔头

杉木梢

金鸡叫

雪花飘

（二十四）

奇溜嘎嗒去轧棉

一边出的是花种

一边出的是雪片

沙木弓，牛皮弦

腚沟夹个柳芭椽

枣木槌子旋得溜溜圆

弹得棉花朴然然

拿桄子，搬案板

搓得布绩细又圆

好使的车子八根齿

好使的锭子两头尖

纺的穗子像鹅蛋

打车子打，线轴子穿

浆线杆架着浆线椽

拤线棒棒拿在手

砰砰喳喳拤三遍

旋风子转，落子缠

经线姑娘两边站

织布就像坐花船

织出布来平展展

送到缸里染青蓝

粉子浆，棒槌掂

剪子铰，钢针钻

做了一件大布衫

虽说不是值钱货

七十二样都占全

十字大街站一站

让您夸夸俺的好手段

（二十五）

织不住扣儿

死了不咽气儿

（扣儿是指经线时抹在经线上的记号，方便织布时知道织多长。）

（二十六）

织一蓬又一蓬

十二美女闹相公

（二十七）

纺车嗡嗡转

锭子缠满线

纺车嗡嗡转

棉花变成线

纺车能纺线

伸手就会转

（二十八）

插花描鱼不算巧

纺花织布学到老

四、诗歌

（一）

王母村粗布

（作者：黄成俊）

织女临洺水，

传我纺织术。

高筑王母庙，

仙人可长住。

（黄成俊曾任威县县委常委副书记、政协主席）

（二）

老粗布的传说

（作者：贺永欣）

砰砰的织机

嗡嗡的纺车

摇把摇出织女的故事

扯线扯出时光的婆娑

纺锤缠出生活的脉络

经是亲情纬是爱

纺是长路织是歌

一缕缕丝丝络络的日子

一梭梭平平仄仄的长歌

织成衣被

织成锦绣

织成历史长卷

织成泱泱大国

啊，五千年的浩繁史册

五千年的岁月穿梭

纺车嗡嗡

纺织娘拉成扯日牵月的情歌

织机砰砰

老粗布唱出经天纬地的传说

砰砰的织机

嗡嗡的纺车

摇把摇出百姓的故事

扯线扯出情感的厮磨

纺锤缠出命运的蹉跎

经是亲情纬是爱

纺是长路织是歌

一缕缕纠纠结结的日子

一梭梭欢欢乐乐的长歌

织成衣被

织成锦绣

织成历史长卷

织成泱泱大国

啊，五千年的天高地阔

五千年的时空穿梭

纺车嗡嗡

纺织娘拉成扯日牵月的情歌

织机砰砰

老粗布唱出经天纬地的传说

（三）

土布谣

（作者：王春晓　贺永欣）

爷爷的黑长袍

奶奶的蓝棉袄

妈妈腰上系的围裙

花头巾扮靓的是美丽的嫂嫂

巧手的婶婶织着四皮综

聪明的大娘把彩色的经线缠绕

粗布织就农家的生活

粗布装扮农家更妖娆

蓝色的印花堪比青花瓷

紫色的条格多像彩虹桥

红色提花呼唤春的脚步

平纹四季扮好梦

合股捻线

凝结着生活的艰辛与欢笑

你看那新房铺就的粗布单

映红公婆满脸笑

你看那娃娃身上的新裤袄

舒适合身又环保

你看那姑娘准备的新嫁衣

龙凤呈祥鸳鸯戏水都用心织造

如今呀土布身价高

城市乡村都走俏

织布机哒哒哒地唱欢歌

金梭飞舞彩线飘

织就美好的新生活

黄道婆她她她

也夸俺们

比天上的仙女还手巧。

（贺永欣为威县环保局副局长，王春晓为威县工商银行干部）

（四）

"布平凡"的人

（作者：贾振太）

有道是

采棉轧弹来纺纱

浆线染色用竹刷

闯杼经纬秀巧手

金梭银梭织彩霞

这便是国家非遗传人

高庆海、陈爱国夫妇织出的爱情之花

她们用二十多种基本色线

幻化成两千多种绚丽的图案

"长命富贵""喜事临门"

"花鸟虫鱼""太子戏莲"

"汉字书法""龙飞凤辇"

她们用土布别花

织就了一匹匹巧夺天工的画卷

经纬交替

织出了《上善若水》的千载文明

继承创新

绣出了《中国梦》的伟大图腾

参展国际"丝绸之路"

馆藏中国美协

特聘织技导师

乡村振兴标兵

她们在岁月如梭中

斩获了多项桂冠

成就了"织锦大师""金牌工人""燕赵文化之星""中国巧女之星"等众多殊荣

她们用《天道酬勤》，赢得了中央和各级领导的称颂

她们用丝丝入扣，

成就了"布平凡"的伟大人生

（贾振太为威县检察院政治部主任）

（五）
十对花

（歌词采集：贺永欣）

一

甲：我说一来谁对上一？

合：哟上嗨！

甲：谁对上一？

合：哟上嗨！

甲：什么开花在水里？

合：哟哩哟哩哟上嗨！

乙：你说一来我对上一！

合：哟上嗨！

乙：我对上一！

合：哟上嗨！

乙：水仙开花在水里！

合：哟哩哟哩哟上嗨！

二

甲：我说二来谁对上二？

合：哟上嗨！

甲：谁对上二？

合：哟上嗨！

甲：什么开花窜莛儿？

合：哟哩哟哩哟上嗨！

乙：你说二来我对上二！

合：哟上嗨！

乙：我对上二！

合：哟上嗨！

乙：韭菜开花窜莛儿！

合：哟哩哟哩哟上嗨！

三

甲：我说三来谁对上三？

合：哟上嗨！

甲：谁对上三？

合：哟上嗨！

甲：什么开花月儿弯？

合：哟哩哟哩哟上嗨！

乙：你说三来我对上三！

合：哟上嗨！

乙：我对上三！

合：哟上嗨！

乙：辣椒开花月儿弯！

合：哟哩哟哩哟上嗨！

四

甲：我说四来谁对上四？

合：哟上嗨！

甲：谁对上四？

合：哟上嗨！

甲：什么开花一身刺？

合：哟哩哟哩哟上嗨！

乙：你说四来我对上四！

合：哟上嗨！

乙：我对上四！

合：哟上嗨！

乙：刺挠开花一身刺！

合：哟哩哟哩哟上嗨！

五

甲：我说五来谁对上五？

合：哟上嗨！

甲：谁对上五？

合：哟上嗨！

甲：什么开花一嘟噜？

合：哟哩哟哩哟上嗨！

乙：你说五来我对上五！

合：哟上嗨！

乙：我对上五！

合：哟上嗨！

乙：葡萄开花一嘟噜！

合：哟哩哟哩哟上嗨！

六

甲：我说六来谁对上六？

合：哟上嗨！

甲：谁对上六？

合：哟上嗨！

甲：什么开花红似肉？

合：哟哩哟哩哟上嗨！

乙：你说六来我对上六！

合：哟上嗨！

乙：我对上六！

合：哟上嗨！

乙：鸡冠子开花红似肉！

合：哟哩哟哩哟上嗨！

七

甲：我说七来谁对上七？

合：哟上嗨！

甲：谁对上七？

合：哟上嗨！

甲：什么开花把头低？

合：哟哩哟哩哟上嗨！

乙：你说七来我对上七！

合：哟上嗨！

乙：我对上七！

合：哟上嗨！

乙：茄子开花把头低!

合：哟哩哟哩哟上嗨!

<h2 style="text-align:center">八</h2>

甲：我说八来谁对上八?

合：哟上嗨!

甲：谁对上八?

合：哟上嗨!

甲：什么开花吹喇叭?

合：哟哩哟哩哟上嗨!

乙：你说八来我对上八!

合：哟上嗨!

乙：我对上八!

合：哟上嗨!

乙：牵牛郎开花吹喇叭!

合：哟哩哟哩哟上嗨!

<h2 style="text-align:center">九</h2>

甲：我说九来谁对上九?

合：哟上嗨!

甲：谁对上九?

合：哟上嗨!

甲：什么开花把满地走?

合：哟哩哟哩哟上嗨!

乙：你说九来我对上九!

合：哟上嗨!

乙：我对上九!

合：哟上嗨!

乙：西瓜开花满地走!

合：哟哩哟哩哟上嗨!

十

甲：我说十来谁对上十？

合：哟上嗨！

甲：谁对上十？

合：哟上嗨！

甲：什么开花遍地拾？

合：哟哩哟哩哟上嗨！

乙：你说十来我对上十！

合：哟上嗨！

乙：我对上十！

合：哟上嗨！

乙：棉花开花遍地拾！

合：哟哩哟哩哟上嗨！

（威县地方小调《十对花》，是威县特有的对花歌唱形式。曲调欢快，内容活泼，多是纺花的妇女们在纺花窨子里的唱和。）